几何公差那些事儿

子　谦　编著

机 械 工 业 出 版 社

本书采用了现行的国家标准和国际标准，通过通俗易懂的语言，以小说的形式展开。在公差的工程应用背景下，本书系统全面地介绍了GB、ISO和ASME三种标准中相关的几何公差知识。全书共分6章：第1章阐述了几何公差和线性尺寸公差的发展概况及区别，还介绍了快速查找索引图；第2章介绍了线性尺寸公差的37个主要知识点；第3章介绍了基准及其应用的27个主要知识点；第4章介绍了几何公差的相关40个主要知识点；第5章介绍了几何公差的修饰符号，共33个知识点；第6章从设计、工艺和质量三个维度介绍了公差应用思路和一些经验等。

本书可供机械行业工程技术人员使用，也可供机电类专业师生参考。

图书在版编目（CIP）数据

几何公差那些事儿/子谦编著. —北京：机械工业出版社，2021.9（2024.5重印）

ISBN 978-7-111-69255-3

Ⅰ.①几…　Ⅱ.①子…　Ⅲ.①形位公差-普及读物　Ⅳ.①TG801.3-49

中国版本图书馆CIP数据核字（2021）第200954号

机械工业出版社（北京市百万庄大街22号　邮政编码100037）

策划编辑：王晓洁　　　　　责任编辑：王晓洁

责任校对：张晓蓉　王　延　封面设计：小徐书装

责任印制：常天培

北京机工印刷厂有限公司印刷

2024年5月第1版第5次印刷

169mm×239mm · 10.75印张 · 218千字

标准书号：ISBN 978-7-111-69255-3

定价：45.00元

电话服务	网络服务
客服电话：010-88361066	机　工　官　网：www.cmpbook.com
010-88379833	机　工　官　博：weibo.com/cmp1952
010-68326294	金　书　网：www.golden-book.com
封底无防伪标均为盗版	机工教育服务网：www.cmpedu.com

前 言

公差包括尺寸公差和几何公差，这两类公差分别用来控制零部件的形状、方向、位置和大小误差。公差在机械制造业中有非常重要的作用（如下面的“公差地图”所示），它贯穿于设计、工艺和质量工作中。公差最重要的作用是解决了一对矛盾，该矛盾的双方是总成性能（产品精度）与制造成本（设备能力）。一方面，人们期望更好的总成性能（产品精度），从而要求更小的产品误差，导致制造成本上升；另一方面，人们期望更低的制造成本（设备能力），往往得到更大误差的产品，导致总成性能下降。而公差在这一矛盾中起到了调节平衡的作用。所以，应用公差要从两方面入手：一是在满足总成性能的条件下研究最大允许误差的范围；二是在不增加制造成本的情况下，优化设计和工艺，减少制造误差。

在设计、工艺和质量活动中，人们不断地发掘公差背后的逻辑，并总结其经验和技巧。科学地应用这些经验和技巧可以提高产品精度，降低制造成本，提高测量准确性和增强零件互换性等。为了广大读者能有一本类似字典的可以快速查找的工具书，特将现行公差标准编入本书。本书还收录 GB、ISO 和 ASME 三大标准中相关的内容。

公差地图

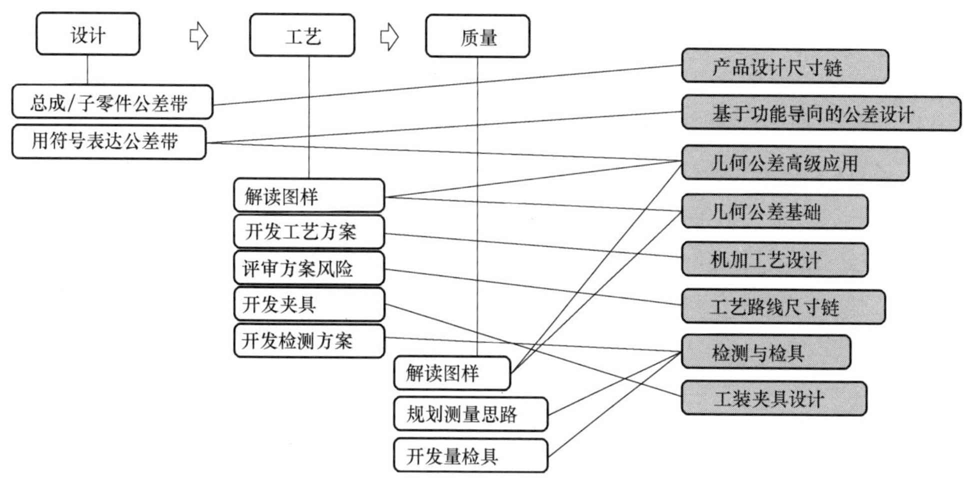

“公差地图”左边白色黑字是需要展开的工作内容，右边黑底白字是需要掌握的学习科目。

本书共分 6 章，每章配有思考题及答案，便于读者巩固所学知识点。

第 1 章阐述了几何公差和线性尺寸公差的发展概况及区别，还介绍了快速查找索引图，包括线性尺寸公差族谱、几何公差族谱、基准标注族谱和控制对象族谱。

第 2 章介绍了线性尺寸公差的 37 个主要知识点，包括公差原则、标注方法、测量点选择、评价方法、控制对象的描述和尺寸公差修饰符号等。

第 3 章介绍了基准及其应用的 27 个主要知识点，包括建立基准的方法、基准系、基准对象、标注方法、基准作用、理论尺寸和后缀修饰符号等。

第 4 章介绍了几何公差相关的 40 个主要知识点，包括 14 个公差符号的公差带、公差层级及层级关系、标注方法和控制对象等。

第 5 章介绍了几何公差的修饰符号，共 33 个知识点，包括几何公差值的修饰符号、基准的修饰符号、几何公差框格的修饰符号及其标注方法等。

第 6 章介绍了公差应用思路，从设计、工艺和质量三个维度介绍了理解公差的不同思路，产品模块化设计的思路及量具策划思路等。

本书主要特色如下：

1）可以作为几何公差字典使用，参见附录的四张族谱和三个应用总结。

2）配备大量视频，可通过书中二维码获得（注意，部分二维码为免费视频，部分二维码需要付费）。相关视频或有更新，敬请关注本书勒口的微信公众号。

3）难点部分以小说的形式展开，目的在于帮助读者建立公差应用的工程背景。

4）本书含有大量的工程应用实例，通过实例总结出几何公差背后的原理和技术。

5）本书采用了现行的国家标准和国际标准。

视频目录

注意，本书中的图样只用于表达清楚几何公差知识，所以不能作为制图的参考。

在本书创作过程中，司品龙同志给予了大力支持，在此表示感谢！由于编者水平有限，书中难免存在疏漏和不足之处，恳请广大读者批评指正。

编　者

目 录

前言
第 1 章　浅谈几何公差与线性尺寸公差 …… 1
1.1　扬帆启航 …… 1
1.2　两代公差比较 …… 1
1.2.1　位置尺寸与位置度 …… 2
1.2.2　几何公差替代线性尺寸公差的缘由 …… 3
1.2.3　GB、ISO 系列标准与 ASME Y14.5 的区别 …… 5
1.2.4　线性尺寸与几何尺寸的区别 …… 5
1.3　线性尺寸的分类和应用 …… 6
1.3.1　实体尺寸与位置尺寸 …… 7
1.3.2　方向尺寸 …… 8
1.3.3　形状尺寸 …… 9
1.4　第三代几何公差的猜想 …… 9
1.5　看懂公差标注 …… 9
1.5.1　线性尺寸公差族谱 …… 10
1.5.2　几何公差族谱 …… 10
1.5.3　控制对象族谱 …… 10
1.5.4　基准标注族谱 …… 10
思考题 …… 11
第 2 章　线性尺寸公差 …… 12
2.1　公差原则 …… 12
2.1.1　独立原则 …… 13
2.1.2　包容要求 …… 13
2.2　尺寸公差基本标注及其前缀 …… 14
2.2.1　控制对象数量 …… 15
2.2.2　理想值 TRUE …… 15
2.2.3　控制对象形状 …… 16
2.2.4　公称尺寸 …… 16

2.2.5 尺寸公差值标注方法 …… 17
2.2.6 尺寸值范围标注 …… 17
2.3 控制对象描述 …… 17
2.3.1 公共被测尺寸要素 CT …… 17
2.3.2 连续形体〈CF〉 …… 18
2.3.3 自由状态Ⓕ …… 18
2.3.4 控制形体的一部分 …… 19
2.3.5 毛刺、去除材料和过渡区域 …… 19
2.4 选择测量点的方式和区域 …… 20
2.4.1 两点尺寸(LP) …… 20
2.4.2 由球面定义的局部尺寸(LS) …… 21
2.4.3 任意横截面 ACS …… 21
2.4.4 特定横截面 SCS …… 22
2.5 测量点的拟合方式 …… 22
2.5.1 最小二乘拟合准则(GG) …… 22
2.5.2 最大内切拟合准则(GX) …… 22
2.5.3 最小外接拟合准则(GN) …… 23
2.6 评价值选择（统计尺寸） …… 24
2.6.1 最大尺寸(SX) …… 24
2.6.2 中位尺寸(SM) …… 25
2.6.3 极值平均尺寸(SD) …… 25
2.6.4 最小尺寸(SN) …… 25
2.6.5 尺寸范围(SR) …… 26
2.6.6 平均尺寸(SA) …… 26
2.6.7 平均值 AVG …… 27
2.6.8 过程统计尺寸〈ST〉 …… 27
2.7 计算评价类尺寸 …… 27
2.7.1 周长直径(CC) …… 27
2.7.2 面积直径(CA) …… 28
2.7.3 体积直径(CV) …… 28
2.8 沉孔类 …… 29
2.8.1 沉头孔⌴ …… 29
2.8.2 锪平⌊SF⌋ …… 29
2.8.3 埋头孔⌵ …… 30
2.8.4 通孔 THRU …… 30
2.8.5 孔深↧ …… 31
2.8.6 孔底圆角 …… 31
思考题 …… 31

第 3 章　基准应用 …… 32
3.1　三种常用基准 …… 34
3.1.1　直接法 …… 34
3.1.2　模拟法 …… 35
3.1.3　目标法 …… 35
3.2　确定基准 …… 36
3.2.1　测量基准选择 …… 36
3.2.2　基准系 …… 39
3.2.3　标注基准思路 …… 40
3.3　基准符号 …… 41
3.3.1　线性尺寸的基准符号 …… 41
3.3.2　几何公差的基准符号 …… 41
3.3.3　几何公差框格下标注基准符号 …… 41
3.3.4　坐标系与基准联合标注 …… 41
3.3.5　基准限制自由度情况标注 …… 43
3.4　基准标注与基准形体 …… 44
3.4.1　投影线表达基准形体 …… 45
3.4.2　尺寸线对齐方向标注 …… 45
3.4.3　投影正面表达基准形体 …… 45
3.4.4　投影背面表达基准形体 …… 45
3.4.5　基准目标：选择部分表面 …… 45
3.4.6　基准目标：线 …… 46
3.4.7　基准目标：点 …… 46
3.4.8　可移动的基准目标 …… 46
3.4.9　联合基准 …… 46
3.5　基准符号的修饰符号 …… 47
3.5.1　螺纹小径 LD …… 47
3.5.2　螺纹大径 MD …… 47
3.5.3　螺纹中径 PD …… 47
3.5.4　螺纹大径 MAJOR DIA …… 48
3.5.5　螺纹小径 MINOR DIA …… 48
3.5.6　成组出现相同基准相同被控形体 INDIVIDUALLY …… 48
3.5.7　连续形体基准〈CF〉 …… 49
3.6　理论正确值标注 …… 49
3.6.1　理论正确尺寸 …… 49
3.6.2　理论正确角度 …… 49
思考题 …… 49
第 4 章　几何公差 …… 54
4.1　几何公差内部逻辑 …… 54

4.1.1 跳级测量原则 …… 54
4.1.2 几何公差四大分类 …… 55
4.1.3 四类公差的逻辑关系 …… 56
4.2 形状公差 …… 59
4.2.1 平面度 …… 59
4.2.2 直线度 …… 60
4.2.3 圆度 …… 60
4.2.4 圆柱度 …… 61
4.2.5 圆柱度是否可以控制圆度 …… 61
4.2.6 圆柱度是否可以控制直线度 …… 62
4.2.7 平面度是否可以控制直线度 …… 62
4.3 方向公差 …… 63
4.3.1 平行度 …… 63
4.3.2 垂直度 …… 63
4.3.3 倾斜度 …… 64
4.3.4 深度理解方向公差 …… 64
4.4 位置公差 …… 65
4.4.1 位置度 …… 66
4.4.2 同轴度 …… 66
4.4.3 对称度 …… 67
4.4.4 位置度代替对称度和同轴度 …… 67
4.4.5 面轮廓度 …… 68
4.4.6 线轮廓度 …… 69
4.5 跳动公差 …… 70
4.5.1 圆跳动 …… 70
4.5.2 全跳动 …… 70
4.5.3 轴向跳动和径向跳动 …… 71
4.6 控制对象与指引线 …… 71
4.6.1 选择形体某部分进行控制 …… 71
4.6.2 表面要素 …… 72
4.6.3 中心要素Ⓐ …… 72
4.6.4 联合要素 UF …… 72
4.6.5 控制要素在投影正面 …… 73
4.6.6 控制要素在投影背面 …… 73
4.6.7 全周——指引线有 1 个圆圈 …… 73
4.6.8 全表面——指引线有 2 个圆圈 …… 73
4.6.9 公差带分布方向 …… 74
4.7 几何公差框格基本标注 …… 74
4.7.1 公差带形状与数值 …… 74

4.7.2 渐变公差范围 …… 75
4.7.3 给定测量长度 …… 75
4.7.4 变动公差 …… 75
思考题 …… 76
第5章 几何公差的修饰符号 …… 80
5.1 几何公差值的修饰符号 …… 80
5.1.1 最大实体要求Ⓜ …… 82
5.1.2 最小实体要求Ⓛ …… 84
5.1.3 延伸公差带Ⓟ …… 85
5.1.4 不对称公差带Ⓤ …… 87
5.1.5 动态公差带△ …… 88
5.1.6 贴切要素Ⓣ …… 89
5.1.7 自由状态Ⓕ …… 89
5.1.8 过程统计尺寸〈ST〉 …… 90
5.1.9 零公差0Ⓜ …… 90
5.2 用于GB和ISO几何公差值的修饰符号 …… 90
5.2.1 偏置公差带UZ …… 90
5.2.2 可逆要求Ⓡ …… 91
5.2.3 独立公差带SZ …… 92
5.2.4 组合公差带CZ …… 93
5.2.5 线性偏置公差带OZ …… 94
5.2.6 最小二乘要素Ⓖ …… 96
5.2.7 最小区域要素Ⓒ …… 96
5.2.8 最小外接要素Ⓝ …… 96
5.2.9 最大内切拟合要素Ⓧ …… 96
5.2.10 仅约束方向>< …… 97
5.3 ASME标准对基准模拟体的要求 …… 98
5.3.1 基准最大实体边界Ⓜ …… 98
5.3.2 基准最小实体边界Ⓛ …… 101
5.3.3 自由状态Ⓕ …… 103
5.3.4 旋转止动类零件基准模拟体 …… 103
5.3.5 基准移动▷[1,0,0] …… 106
5.4 GB和ISO标准取点方式和基准拟合要素定义 …… 107
5.4.1 任意纵截面［ALS］ …… 107
5.4.2 任意横截面［ACS］ …… 108
5.4.3 中径/节径［PD］ …… 108
5.4.4 小径［LD］ …… 108
5.4.5 大径［MD］ …… 108

5.4.6 接触要素［CF］ …… 109
5.5 几何公差框格周边的补充信息 …… 109
5.5.1 区间符号←→ …… 109
5.5.2 同时要求 SIM REQT …… 109
5.5.3 分离要求 SEP REQT …… 110
5.5.4 同时性要求 SIM …… 110
5.6 公差带方向的补充定义 …… 111
5.6.1 相交平面 …… 112
5.6.2 定向平面 …… 112
5.6.3 方向要素 …… 114
5.6.4 组合平面 …… 115
思考题 …… 115
第 6 章 公差应用思路 …… 119
6.1 质量测量相关工作 …… 122
6.1.1 量具的策划思路 …… 122
6.1.2 功能检具的设计思路 …… 124
6.1.3 量规设计 …… 125
6.1.4 检测人员学习几何公差的思路 …… 126
6.2 工艺相关工作 …… 129
6.2.1 工艺人员学习几何公差的框架 …… 129
6.2.2 工装夹具的学习思路 …… 129
6.3 设计相关工作 …… 129
6.3.1 尺寸链的学习思路 …… 129
6.3.2 复合公差 …… 130
6.3.3 相对位置和互为基准 …… 131
6.3.4 实效边界（VC）概念与模块化设计概念 …… 133
6.4 正确标注图样 …… 136
思考题 …… 138
参考答案 …… 141
附录 …… 150
附录 A 线性尺寸公差族谱 …… 150
附录 B 几何公差族谱 …… 151
附录 C 控制对象族谱 …… 152
附录 D 基准标注族谱 …… 153
附录 E 公差应用总结（一） …… 154
附录 F 公差应用总结（二） …… 155
附录 G 公差应用总结（三） …… 155
附录 H GB、ISO 与 ASME 部分关键知识点对照 …… 156

第1章 浅谈几何公差与线性尺寸公差

1.0.0 几何公差快速学习路径

1.1 扬帆启航

又是一年毕业季，七月黄浦江畔的黄浦理工大学校园离校情景正在上演。子谦轻快地骑着自行车在校园里穿行，任由似火的骄阳在他脸上撒野，但这丝毫不影响他愉悦的心情。回到401宿舍，子谦迫不及待地向室友报告好消息："兄弟们，我挑了家最满意的单位——达路斯机床，全球排名前五的锻压设备制造商!"

胖子："对这种企业没兴趣，我老爸已经给我联系国企，去中航工业。"

子谦："我的要求一是找整机厂，第二做设计，这两个条件都满足，哈哈。"

山鸡："你小子就死心眼，搞技术，在核心期刊发表了论文又能如何？在目前的情况下，技术土壤还不太行，不如跟我学做生意、闯事业吧!"

子谦："山鸡哥，就算外界环境不好，理想没有吃饱饭重要。但也许一不小心理想就实现了呢？因此年轻人内心还是要有理想的。所以我的理想很简单，简称一二三。"

杨风："愿闻其详。"

子谦："一是机械工程；二是在有生之年，能参与多项产品并主导一项全新产品的开发；三是50岁回学校当老师，传授我在机械工程方面的毕生所学。谢谢各位大哥，祝我好运吧!"

1.2.0 公差发展趋势

1.2 两代公差比较

子谦报到的第一天，就撞上公司的大事。

沈经理来到办公室，喜气洋洋地宣布："兄弟们，好消息，今天总公司通知，我们已成功收购美国STAMIC公司，所以现在我们应该是本行业世界第三大巨头了。最近STAMIC会有一位资深设计专家将到我们研发部做友好访问，你们抓住机会好好交流。子谦，你英文好，负责接待。”

子谦：“是，一定完成任务。”

1.2.1　位置尺寸与位置度

1.2.1 位置度值计算方法

两周后，美国设计专家 Mike 来到了达路斯公司，子谦看到做了30年设计的白发苍苍的老前辈，暗自窃喜，立刻把自己的设计图给 Mike 看。

看完后，Mike 锁住眉说：“子谦，为什么这个孔的位置用线性尺寸公差，而不用几何公差呢？”

子谦：“位置度好吗？”

Mike 马上画了两个零件：零件一和零件二（图 1-1）。假设零件一的轴径是 ϕ6mm 并处于理想状态（尺寸正好是 6mm，无尺寸公差和几何公差），轴到两边的距离是 10mm 并处于理想状态；零件二的孔径为 ϕ8mm 并处于理想状态，假设产品底边和两侧面装配时贴平。

Mike：“装配图如图 1-2 所示，那么零件二的两种标注方法（图 1-3 和图 1-4）有什么区别呢？”

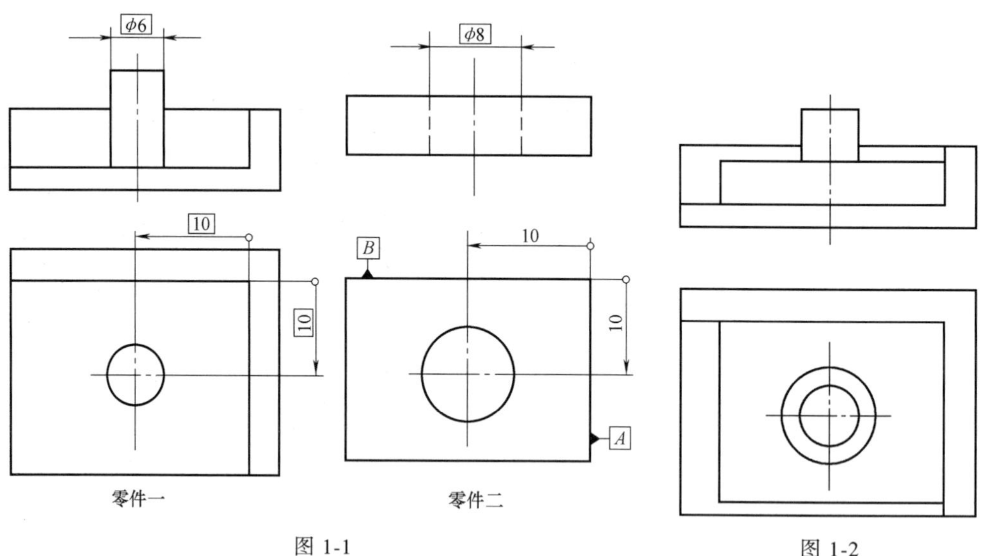

图 1-1　　图 1-2

子谦：“X 的最大值是 0.707mm，公差带是一个正方形；Y 的最大值是 2mm，公差带是一个直径为 ϕ2mm 的圆；区别在于……”

这时，Mike 拿出一份资料，说道：“假设此时孔中心做到图 1-5 中黑点的位置 A，不在正方形内，但在 ϕ2mm 的圆内。同时，这个零件可以装配，所以尺寸公差将拒收合格零件哦。”

子谦一下陷入深思。

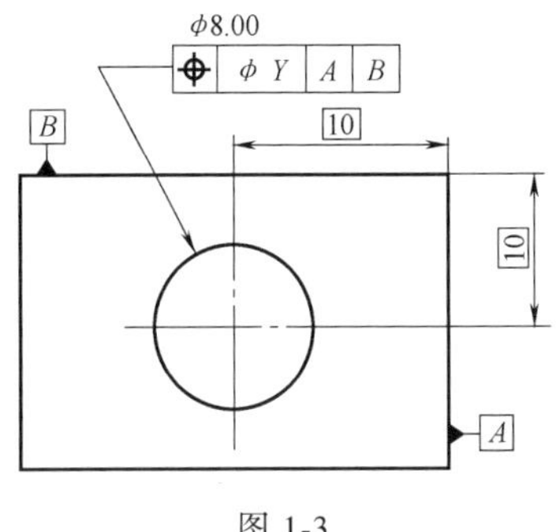

图 1-3

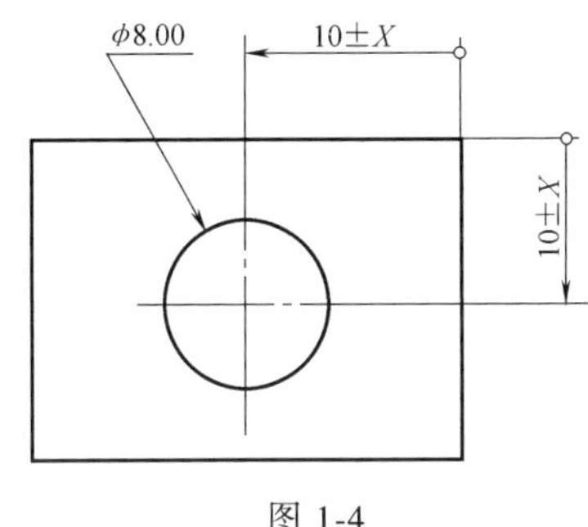

图 1-4

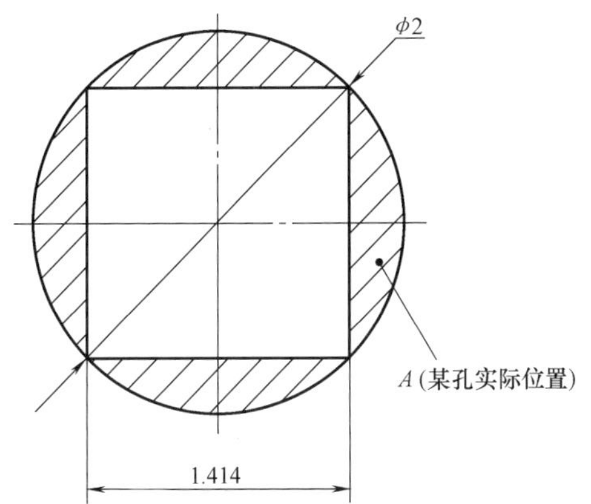

几何公差标注•线性尺寸标注
正负公差坐标标注合格区域:

$S_1 = 1.414 \times 1.414 = 1.999$

位置度标注合格区域:

$S_2 = (1)^2 \pi = 3.14$

57%

图 1-5

1.2.2 几何公差教你降低成本

1.2.2 几何公差替代线性尺寸公差的缘由

一周后，Mike 在座谈会上给大家分享了一个故事。20 世纪 40 年代，很多地区的客户来到美国，要大批量采购军火。美国此时是全球唯一军火输出地，所以产品供不应求。于是身为资本家的军火商唯利是图，把稍微有点不合格的零件都放行试装，如果没问题就卖给别人。有个叫 Dandy 的年轻工程师爱研究问题。他发现能装配的零件都有一个共同特点，所有让步放行的零件都没有占用相配件的实效边界。

举个例子，假设图 1-1 中零件一保持如图所示理想状态，零件二水平方向的尺寸由 10mm 变成 9.15mm（图 1-5 中 A 点），在线性位置尺寸的评价下是不合格的，但是可以装配，也不影响产品功能。

从此之后，Dandy 带领大家开始研究企业中所有让步放行的零件，有一系列重大发现。

1）如图 1-5 所示，几何公差带面积比尺寸公差大 57%。

2）如 5.1.1 节的内容，几何公差可以根据孔的尺寸变化得到更多的补偿。

3）如 1.3 节的内容，位置尺寸的基准标注不明确。

4）如 3.2.3 节多基准的尺寸公差会带来基准系的混淆。

5）几何公差可以设计效率极高的检具，可在保证装配功能的前提下降低质量管理成本，而尺寸公差则做不到。

Mike 接着说："几何公差可更好地体现零件功能，更科学地争取更多的制造公差，从而降低生产成本；而线性尺寸公差则无法做到。

另外，制造环境的变化，包括检测思路、设备和检具水平不断提升，为几何公差的应用奠定了基础。

因此，大家开始积极推动几何公差的发展，我国标准为 GB/T 1182—2018，美国最新标准是 ASME Y14.5—2018。同时，ISO 标准和其他国家都在发展，主要标准见表 1-1。

表 1-1　标准对照表

国际标准	国家标准	标准名
ISO 14638:2015	GB/T 20308—2020	产品几何技术规范(GPS)矩阵模型
ISO 1101:2017	GB/T 1182—2018	产品几何技术规范(GPS)几何公差　形状、方向、位置和跳动公差标注
ISO 8015:2011	GB/T 4249—2018	产品几何技术规范(GPS)基本概念、原则和规则
ISO 14405-1:2016	GB/T 38762.1—2020	产品几何技术规范(GPS)尺寸公差　第 1 部分:线性尺寸
ISO 14405-2:2011	GB/T 38762.2—2020	产品几何技术规范(GPS)尺寸公差　第 2 部分:除了线性尺寸外的尺寸
ISO 14405-3:2016	GB/T 38762.3—2020	产品几何技术规范(GPS)尺寸公差　第 3 部分:角度尺寸
ISO 5458:2018	GB/T 13319—2020	产品几何技术规范(GPS)几何公差　成组(要素)与组合几何规范
ISO 5459:2011	GB/T 17851—2010	产品几何技术规范(GPS)几何公差　基准和基准体系
ISO 12781-1:2011	GB/T 24630.1—2009	产品几何技术规范(GPS)平面度　第 1 部分:词汇和参数
ISO 12781-2:2012	GB/T 24630.2—2009	产品几何技术规范(GPS)平面度　第 2 部分:规范操作集
ISO 12181-1:2011	GB/T 24632.1—2009	产品几何技术规范(GPS)圆度　第 1 部分:词汇和参数
ISO 12181-2:2011	GB/T 24632.2—2009	产品几何技术规范(GPS)圆度　第 2 部分:规范操作集
ISO 10579:2010	GB/T 16892—1997	形状和位置公差　非刚性零件注法
ISO 13715:2017	GB/T 19096—2003	技术制图　图样画法未定义形状边的术语和注法
ISO 14253-1:2013	GB/T 18779.1—2002	产品几何技术规范(GPS)工件与测量设备的测量检验　第 1 部分:按规范检验合格或不合格的判定规则
ISO 14660-1:1999	GB/T 18780.1—2002	产品几何技术规范(GPS)几何要素　第 1 部分:基本术语和定义
ISO 17450-3:2016	GB/T 18780.2—2003	产品几何技术规范(GPS)几何要素　第 2 部分:圆柱体和圆锥体的提取中心线、平行平面的提取中心面、提取要素的局部尺寸
ISO 1660:2017	GB/T 17852—2018	产品几何技术规范(GPS)几何公差　轮廓度公差标注

（续）

国际标准	国家标准	标准名
ISO 17450-1:2011	GB/T 24637.1—2020	产品几何技术规范（GPS）通用概念　第1部分：几何规范和检验的模型
ISO 17450-2:2012	GB/T 24637.2—2020	产品几何技术规范（GPS）通用概念　第2部分：基本原则、规范、操作集和不确定度
ISO 17450-3:2016	GB/T 24637.3—2020	产品几何技术规范（GPS）通用概念　第3部分：被测要素
ISO 17450-4:2018	GB/T 24637.4—2020	产品几何技术规范（GPS）通用概念　第4部分：几何特征的GPS偏差量化
ISO 2692:2014	GB/T 16671—2018	产品几何技术规范（GPS）几何公差　最大实体要求（MMR）、最小实体要求（LMR）和可逆要求（RPR）
ISO 3040:2016	GB/T 15754—1995	技术制图　锥体尺寸和公差注法

1.2.3　GB、ISO 系列标准与 ASME Y14.5 的区别

1.2.3 欧美公差标准比较

有人问："那 GB、ISO 与 ASME Y14.5 有什么区别呢？"

Mike 答："三种标准绝大部分一样，只有一些历史遗留用法和定义不同，比如说 GB 和 ISO 中用Ⓡ表示可逆原则，而 ASME 用零公差表示……（表 1-2）"

表 1-2　GB/T 1182 与 ISO 1101、ASME Y14.5 对比

GB、ISO 系列标准	ASME Y14.5
默认独立原则	默认包容要求
可逆原则	零公差+实体补偿
⊕可以定义实体表面	仅⌓可以定义实体表面
无	基准模拟体定义：最大/小实体边界
无	▷移动基准
CZ	相对位置
OZ	△
><	复合公差

1.2.4　线性尺寸与几何尺寸的区别

有人问："那么，线性尺寸与几何尺寸有何区别呢？"

Mike 答："小批量生产或检测手段不足时，线性尺寸好用。大批量模式下几何尺寸往往体现出优势。对比情况见表 1-3。"

表 1-3　线性尺寸与几何尺寸的区别

控制类型	线性尺寸	几何尺寸
实体尺寸	标注方便，测量方便	标注一般，测量麻烦
相对于单基准的位置	标注方便，测量方便	标注一般，测量方便

（续）

控制类型	线性尺寸	几何尺寸
台阶面倒角	标注方便	标注困难
薄壁件壁厚	标注方便，测量方便	—
相对于多基准的位置	标注困难，不易测量	标注方便，测量方便
相对于多基准的方向	标注困难，不易测量	标注方便，测量方便
实体表面形状	标注困难，不易测量	标注方便，测量方便

1.3 线性尺寸的分类和应用

1.3.0 线性尺寸功能分类

子谦同 Mike 走进实验室时，一位新检验员正在忙碌着什么。

检验员：“图 1-6 所示的零件不合格，但是为何封存的样件复测也不合格。”

子谦：“怎么不合格？”

检验员：“(20±0.05)mm 不合格，所有产品都有图 1-7 所示的波动。”

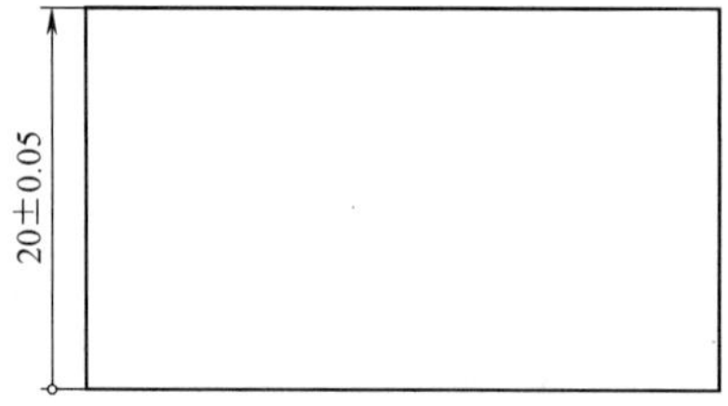

图 1-6 （圆圈见 ASME Y14.5 标准，后同）

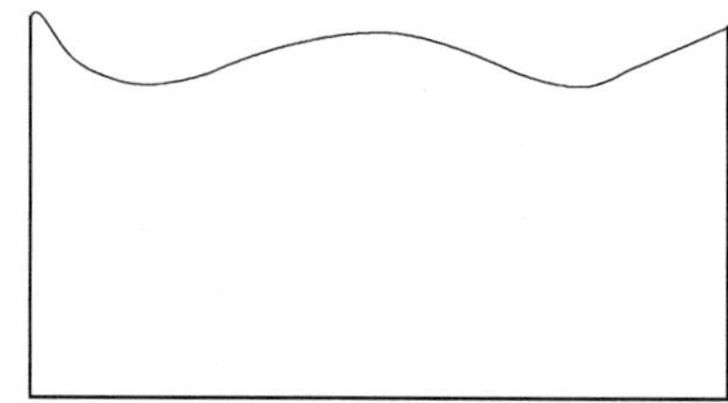

图 1-7

子谦跟着检验员来到测量台。

子谦看完说：“你用卡尺测（图 1-8）不就行了吗？为什么要用大理石平台和高度尺（图 1-9）呢？测这么多点，然后还要计算，太麻烦了。”

检验员：“检验书上这么写的，所以不敢用卡尺测。”

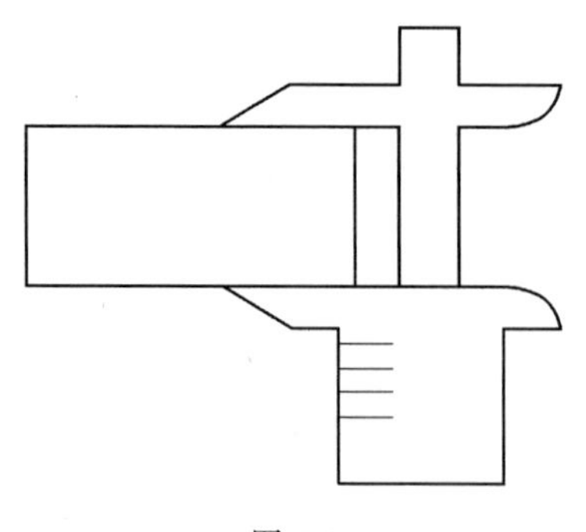

图 1-8

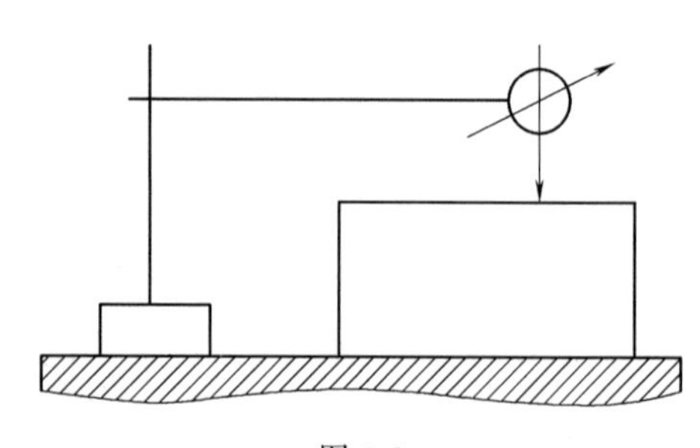

图 1-9

子谦正在琢磨其中的原因。

Mike："这个零件必须按图 1-9 测，因为图样上标明，下面是基准，上表面为被控对象。"

子谦说："把图样改双箭头，可以吗？"

Mike："不行，这个零件的毛坯是精密铸造的，铸造表面（基准面是铸造出来的）已达到与底座装配的要求，但功能面（上表面）需要机械加工才能达到装配要求，所以，只机加工一个面，可以节约成本。"

子谦："原来这样标是有特别用意的呀！"

Mike："当然，你知道尺寸标注分几种类型吗？"

子谦："我猜，有长度、宽度、角度等吧。"

Mike："错了，线性尺寸分为实体尺寸、位置尺寸、方向尺寸和形状尺寸四种，今天这种标注就是位置尺寸，表示上下两表面是位置关系，换言之，一个是被控对象，另一个是基准。"

子谦："那昨天的图 1-10，孔中心到底边的尺寸也是位置尺寸吗？但我没标图 1-11 中的圆圈呀？而我的意图是以底边为基准，那会对测量产生影响吗？"

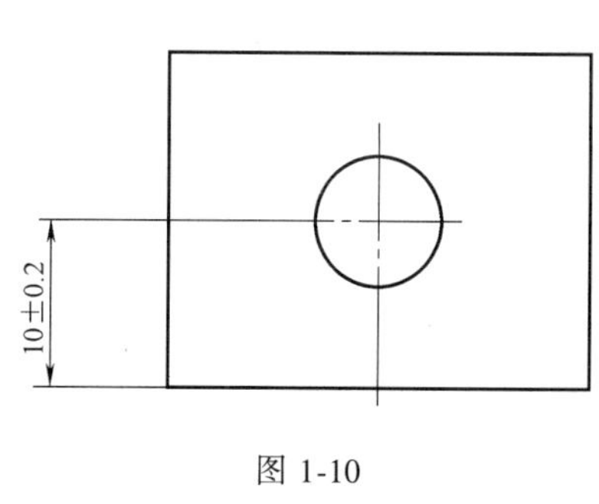

图 1-10

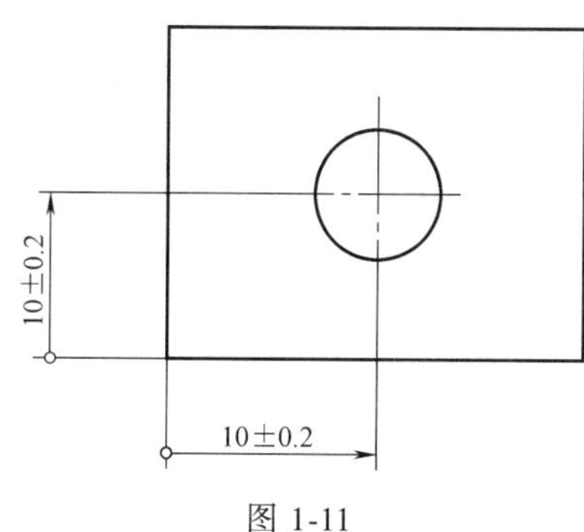

图 1-11

Mike："虽然测量员已经习惯了这种零件，知道以底边为测量基准，但最好像图 1-11 一样标出基准，以免基准混淆。"

1.3.1　实体尺寸与位置尺寸

子谦："Mike，那我就有了一个很好奇的问题，位置尺寸和实体尺寸在工程实际应用中有什么区别呢？工程师要注意什么呢？"

Mike："好问题，我们从标注、测量和装配三个维度分析一下。从图 1-12 中我们可以看到：

第一，测量方法不同。

第二，实体尺寸标注的情况下，两个测量合格零件叠加后高度 L 为（20±2）mm，对吧？但是，在标准位置尺寸的情况下，两个合格件叠加后，总高度 H 是多少呢？"

类型	第一种	第二种
标注	10±1	10±1
测量	两点法，任意截面	建基准，高度尺测量
求总高度	$L_{min}=?$	$H_{min}=?$

图 1-12

子谦愣住了。

Mike："如果有图 1-13 中的零件，装配为图 1-14 所示，则总高度只有 17mm，那么是什么导致的呢？"

图 1-13　　图 1-14

子谦："哦，我明白了。图 1-13 中的零件按实体尺寸的两点法测量，则不合格，不会流入装配现场。而标位置尺寸后，则是有不平的下表面建基准，就会合格，将流入装配现场。"

Mike："完全正确。请你记住两点：一是标注方法不同，则测量方法不同；二是设计工程师绘制图样时，一定要严格唯一地表达出装配意图。"

子谦："嗯，我明白了，位置尺寸标注要表达清楚基准在哪里，否则会导致测量失效。"

Mike："别急，为了方便你们理解实体，我给你们下个定义：实体通常是装配后起对称作用的，表现形式通常有 5 种：孔、轴、板、槽和球。"

1.3.2　方向尺寸

下班后，子谦找到一张图（图 1-15），正好上面有两个角度，也就是方向尺寸。这两个方向线性尺寸的缺点是：没有明确的基准，给设计和测量带来了不便。

于是翻阅了一下国标 GB/T 38762.3—2020、国际标准 ISO 14405-3：2016 和 ASME Y14.5—2018（5.2 节），都推荐图 1-16 所示的标注方法，这样解决了测量基准不明确的问题。

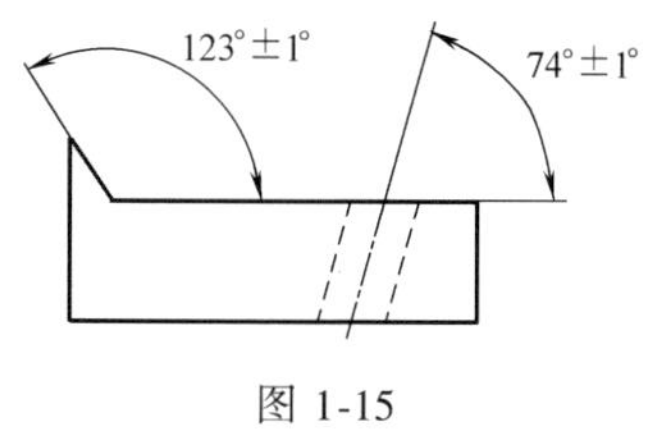

图 1-15

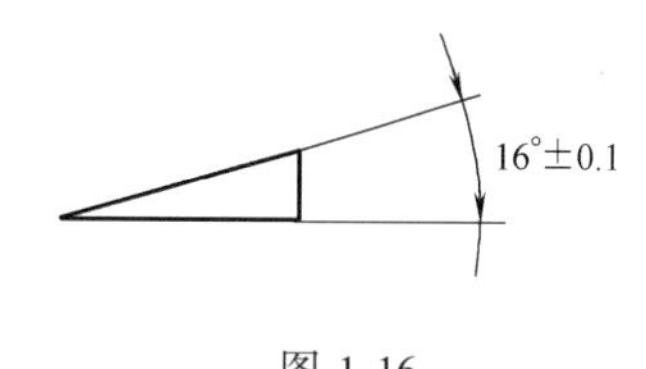

图 1-16

1.3.3　形状尺寸

形状尺寸公差有两个地方使用起来非常有效，即倒角和圆角，如图 1-17 所示。

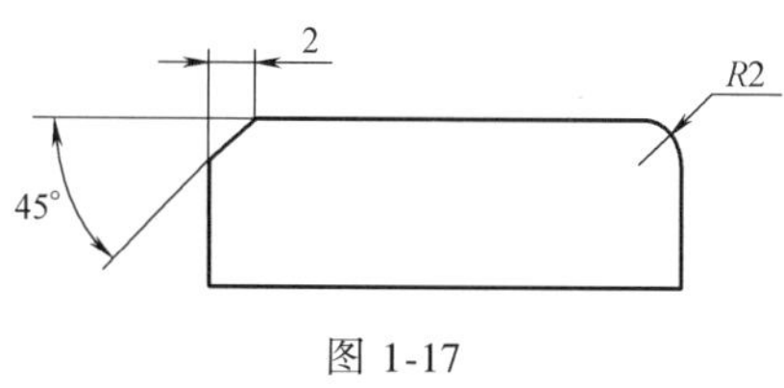

图 1-17

1.4　第三代几何公差的猜想

这段时间经过 Mike 的指点，大家的公差水平都有所提升。子谦对这段时间的学习做了下总结，不知不觉已经到了凌晨，趴在桌上睡着了。梦境中回到了学校，哲波老师正在给大家讲解他在军工企业中孔轴结构的分组装配案例。由于当时加工精度不足，为确保精密的装配间隙，在装配前对零件进行测量并分组，又将尺寸大的轴与尺寸大的孔进行装配，小轴配小孔。子谦问了一个问题。

子谦："哲波老师，现在企业中似乎并没有这样做，为什么呢？"

哲波老师："一是现在的加工精度已经足够；二是这样做会增加制造成本。"

子谦："嗯，一方面，现在很多工厂的生产水平不断提高，关键零部件在加工过程中已经做到了在线测量，并在零件上有追溯的二维码；另一方面，互联网技术不断发展，如果能实现低成本的仓库点对点配料，那么有可能再次采用分组装配，这样就能降低制造过程对加工机床精度的要求了，对吗？"

哲波老师："很好，你的想法很新颖，人类因为梦想而伟大！继续研究，加油！"

第二天，子谦把梦里的故事告诉了 Mike，Mike 很开心地对子谦说："很好，这正是我们猜想的第三代公差。第一代公差是工业革命时期成熟的线性尺寸公差，第二代公差是在 20 世纪成熟的几何公差，你说的是我们对第三代公差的猜想，也许会在实践中成为现实哦！"

1.5　看懂公差标注

今天是子谦的生日，研发部门为此准备了蛋糕，子谦许下一个愿望："愿我能看懂一切图样！"

Mike 听完哈哈大笑："这有何难？没有什么愿望是一顿烤肉解决不了的，如果有就再来一顿！"

1.5.1 线性尺寸公差族谱

1.5.1 尺寸公差高级标注全解

一顿烤肉就这么愉快地决定了。在觥筹交错之间，大家醉眼迷离之际，Mike 终于拿出了一份葵花宝典级别的秘密武器"线性尺寸公差族谱"（见附录 A）。

其内容和使用情况介绍如下。

1）这份"族谱"收集了 GB、ISO 和 ASME 两种标准中绝大部分（包括常用和不常用）线性尺寸公差的符号和用法。

2）将所有收集的符号按照作用和功能进行分类，包括标注前缀、尺寸基本标注和后缀符号，特别是对后缀符号做了详细分类，包括控制对象描述、测量点选择、拟合方式、计算评价方法和评价值选择等。

3）使用简单，"线性尺寸公差族谱"上列出了所有符号并指明详细讲解章节。

第二天早上，子谦发现这张"族谱"只有尺寸公差，并没有几何公差，于是去找 Mike。

Mike："哦，昨天喝多了，忘了一起给你了！哈哈，太好了！老规矩，一顿烤肉！"

子谦："昨天已经 600 大洋不在了，你……"

Mike："我昨天说了呀，如果有一顿烤肉实现不了的愿望，就再来一顿呀！"

第二顿烤肉之后，几何公差族谱、控制对象族谱、基准标注族谱再现江湖，见附录 B、附录 C 和附录 D。其功能和使用与"尺寸公差族谱"一样。

1.5.2 几何公差族谱

1.5.2 几何公差族谱

1）所有符号分类，包括标注前缀、公差值的修饰符号、基准的修饰符号、对基准的控制及要求补充符号、基准模拟体的要求和测量要求补充符号等。

2）这份"族谱"收集了 GB、ISO 和 ASME 两种标准中绝大部分（包括常用和不常用）符号和用法。

1.5.3 控制对象族谱

1）所有表达方式分类，包括标识符号、指引线、线型。整体局部范围等。

2）这份"族谱"收集了 GB、ISO 和 ASME 两种标准中绝大部分（包括常用和不常用）符号和用法。

1.5.4 基准标注族谱

1）所有表达方式分类，包括后缀、标注符号、标识方法、指引线、面/线/点

以及整体局部等。

2）这份“族谱”收集了 GB、ISO 和 ASME 两种标准中绝大部分（包括常用和不常用）符号和用法。

思　考　题

1-1　GD&T 图样上基准选择是根据（　　）。

A. 装配　　　　B. 测量　　　　C. 工艺　　　　D. 感觉

1-2　题图 1-1 中的尺寸是哪种类型的尺寸（位置、实体、方向和形状）?

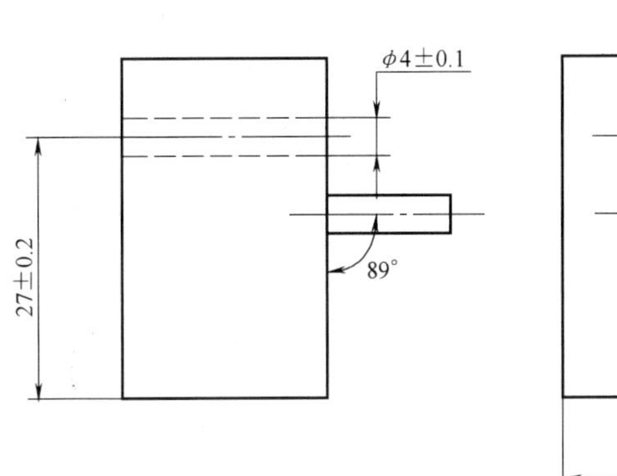

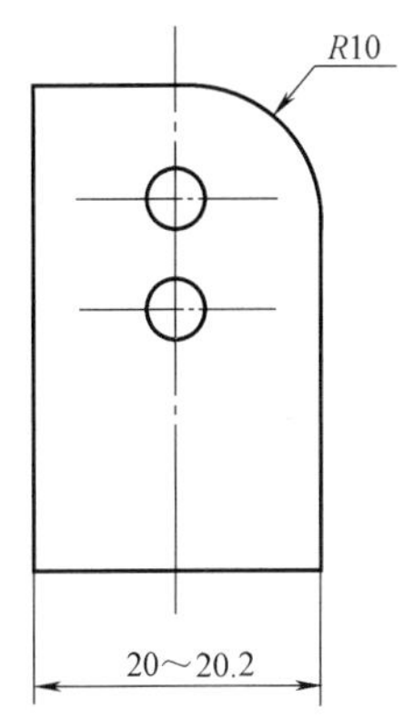

题图 1-1

1-3　什么是尺寸?

1-4　尺寸的分类和作用是什么?

1-5　谈一谈几何公差在工程应用中的优势。

1-6　什么是要素?

1-7　什么是几何公差?

第2章

线性尺寸公差

2.1 公差原则

Mike 走了以后，子谦在现场实习了 3 个月。回到研发部报到后，子谦分到了一个顶杆的设计任务。顶杆作用为从冲床下模板和模具的孔中伸出来，顶出工件，结构如图 2-1 所示。

子谦出图如图 2-2 所示。

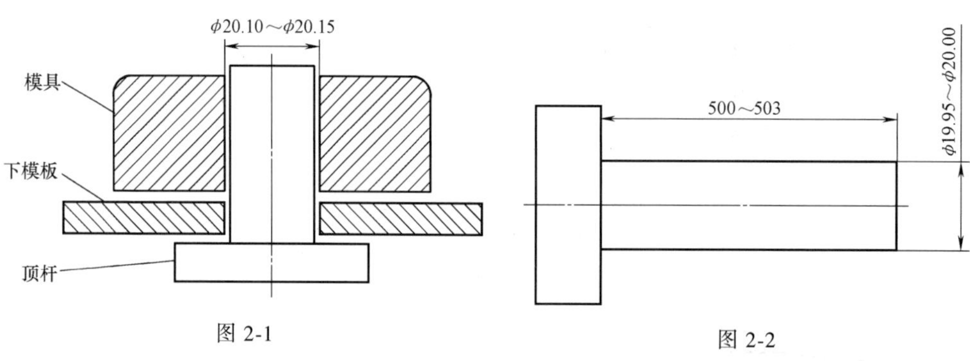

图 2-1

图 2-2

3 周之后，装配车间打来电话，说顶杆装配不良，无法从下模板中伸入到模具中，但是供应商测量结果合格。子谦立即检查图样，发现模板模具孔径是 ϕ20.10～ϕ20.15mm，顶杆直径是 ϕ19.95～ϕ20.00mm，计算间隙有 0.10～0.20mm，那么问题出在哪里呢？

子谦首先想到的是供应商报告造假，于是抱着零件和图样来到了实验室，找海挺兄帮忙。海挺把零件放在大理石平台上，从侧面看了一下，发现顶杆中间有较大间隙，为 0.3～0.5mm，如图 2-3 所示。

海挺：“子谱，把图样给我看一下。”

海挺看完后说：“黄浦理工的大学生，你这张图有问题，没出完整呀！你知道独立原则吗？”

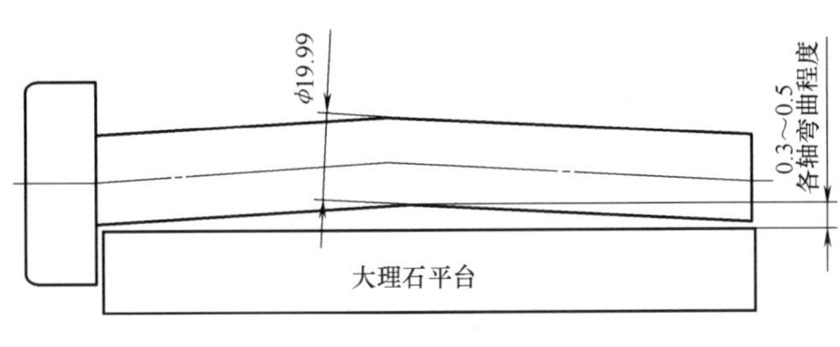

图 2-3

2.1.1　独立原则

2.1.1 独立原则

子谦："知道呀，实体尺寸公差与表面形状公差是独立的，应分别满足图样要求。在这张图上，ϕ19.95 ~ ϕ20mm 是尺寸，公差是 0.05mm，形状，形状的要求……"

海挺追问道："对呀，你对这个顶杆提出的形状公差呢？"

子谦："没有，但有未注公差呀，那可不可以用未注公差来验收呢？"

海挺画出了两张示意图（图 2-4 和图 2-5）。

海挺："图 2-4 即便是未注公差，长 500mm，H 级公差也是 0.4mm，则轴的实际有效装配边界是 ϕ20.4mm 的圆柱哦；再看图 2-5，我们假设孔在最大实体状态，而且表面处于理想状态，则内孔的有效装配空间是 ϕ20.1mm。所以，综上两点所述得出结论，装配有极大的干涉风险。"

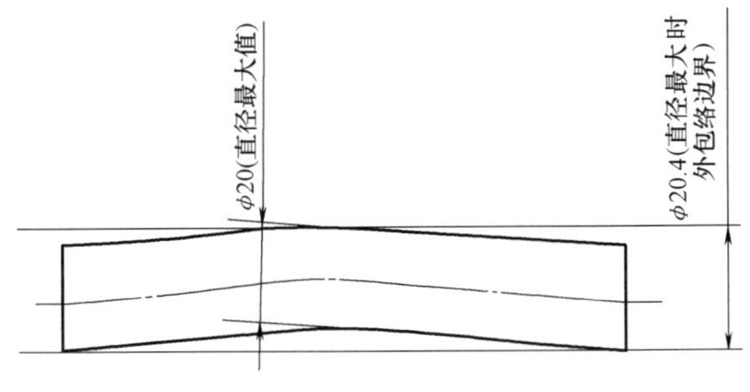

图 2-4　轴的极端状况

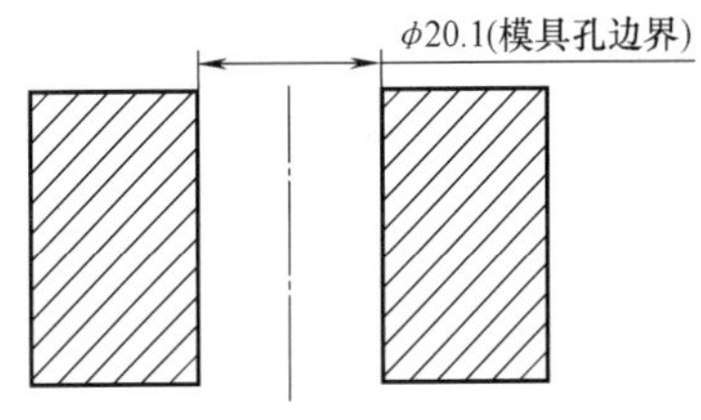

图 2-5　配合件极端状况

子谦看完后恍然大悟，马上又苦着脸问："那图样怎么出呢？"

2.1.2　包容要求

2.1.2 包容原则

2.1.3 包容原则的失效

海挺："虽然我国标准默认图样遵守独立原则，但是可以标注出包容要求呀，包容要求知道吗？"

子谦："听过，但忘了。"

海挺：“包容原则的定义是实体尺寸极限（最大实体）状态控制了零件的形状变化，当图 2-6 中轴的约束边界（MMC）是 21mm 时，就有一个图 2-7 中 ϕ21mm 的理论圆柱，包容整个零件。如果轴想弯曲，也必须在 ϕ21mm 的圆柱内变动，不得超出理论圆柱。但请记住在尺寸后加一个Ⓔ，才表示本尺寸遵守包容要求。”

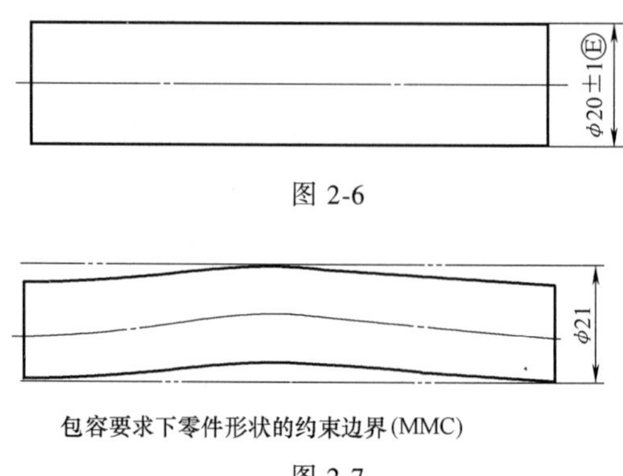

图 2-6

包容要求下零件形状的约束边界(MMC)

图 2-7

子谦点头说道：“哦，如图 2-8 所示标注的顶杆，其最极端状况尺寸如图 2-9 所示。在 ϕ20mm 以内（轴最大包络外边界），配合件是 ϕ20.10mm 以外，永远有 0.1mm 的间隙，这样就可以装配了对吗？”

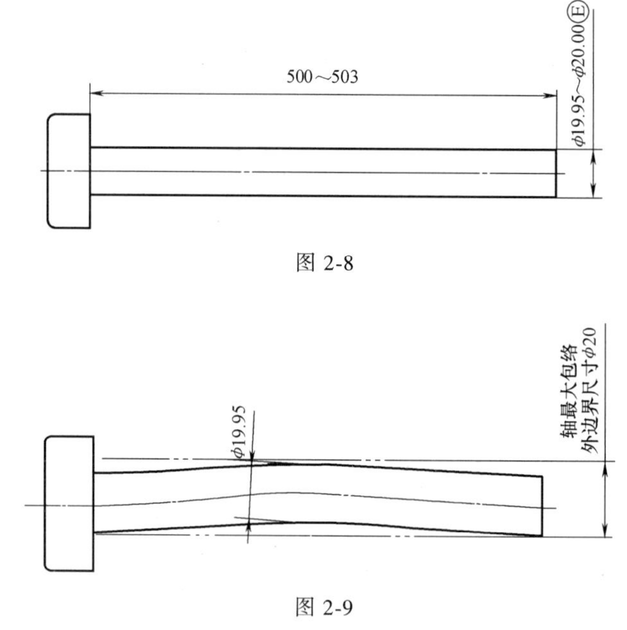

图 2-8

图 2-9

海挺点点头：“这就对了。另外，图样遵循 ASME Y14.5 标准时请注意，它们默认包容要求。在图中某个尺寸后面标注Ⓘ，表示本图样默认包容要求，但被标注的尺寸遵守独立原则。”

2.2　尺寸公差基本标注及其前缀

现场有一个曲轴断裂的问题，断裂的部位都是曲拐部位，而供应商和质量部门都确认尺寸是合格的。原因在哪里？Mike 指出原因是应力集中。

普通半径 *R* 标注如图 2-10 所示。

- 公差带在两条双点画线之间。
- 零件表面需要落在两条弧线间。
- 允许有尖边和裂纹，从而导致倾覆力矩的作用下产生应力集中。

控制半径 *CR* 标注如图 2-11 所示。

- 公差带在两条双点画线之间。
- 必须是平滑弧线，不允许有尖边和裂纹。
- 这是更严格的要求，避免了应力集中。

图 2-10　　　　图 2-11

子谦编制的培训资料如图 2-12 所示。

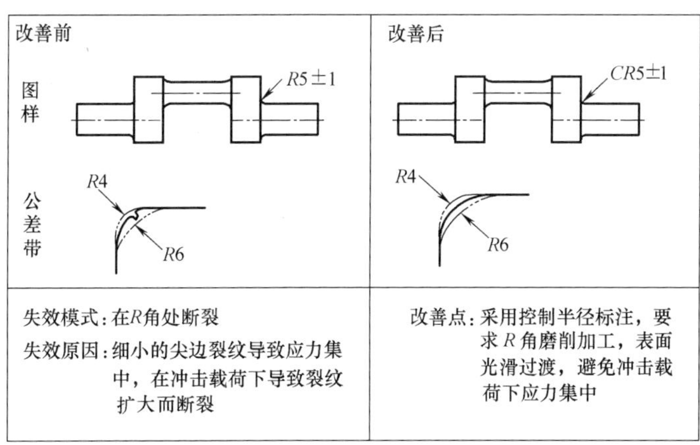

图 2-12

为了知道更多关于尺寸公差的秘密，子谦开始有计划地学习尺寸公差族谱。

2.2.1　控制对象数量

图 2-13 中标注“4× TRUE ϕ10±0.2”，其中“4×”表示此尺寸和公差共控制 4 个一样的控制对象，并且要求一样。

2.2.2　理想值 TRUE

图 2-13 中标注“4× TRUE ϕ10±0.2”，其中“TRUE”表示理想圆的意思。

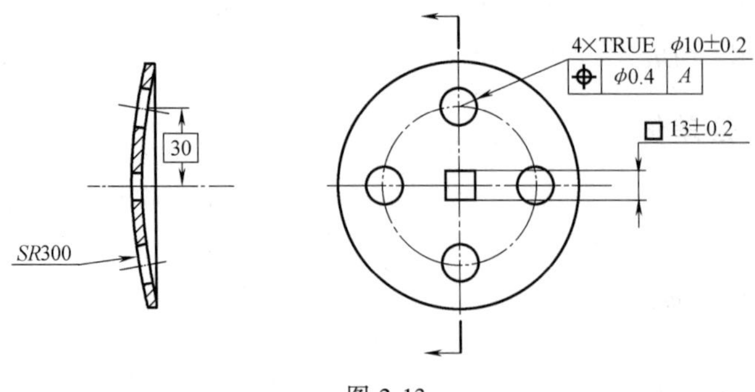

图 2-13

图中的零件是一个球状物体的一个部分，4 个直径为 10mm 的孔中心轴正好穿过球体的球心，所以在右视图上得到的 4 个孔的投影是椭圆，为此特殊标记“TRUE”。

参考标准：ASME Y14. 5—2018（4. 5. 2. 3 节）。

2. 2. 3 控制对象形状

图 2-13 中标注“4× TRUE ϕ10±0. 2”，其中“ϕ”表示此控制对象的形状，常见形状有 5 种。

1）ϕ，图中“ϕ10±0. 2”，表示控制对象是一个圆，可用在孔和轴上。

2）*S*ϕ，表示控制对象是一个球体或部分球体，后面的公称尺寸数值为此球的直径。

3）□，如图 2-13 中“□13±0. 2”，表示控制对象是一个方形的孔，可用在方形的孔和轴上。

4）*SR*，如图 2-13 中“*SR*300”，表示控制对象是一个球体或部分球体，后面的公称尺寸数值为此球的半径。

5）*R*，如图 2-10 中“*R*5”，表示控制对象是一个圆角。零件表面允许有尖边和裂纹。

6）*CR*，如图 2-11 中“*CR*5”，表示控制对象是一个圆角。零件表面不允许有尖边和裂纹，表面必须平滑过渡。

2. 2. 4 公称尺寸

公称尺寸是被控对象的目标值，是设计时给定的，它是根据零件的使用要求，如刚度、强度或结构计算得到的。

在图 2-13 中“ϕ10±0. 2”，表示直径的公称尺寸是 10mm。

在图 2-13 中“□13±0. 2”，表示边长的公称尺寸是 13mm。

在图 2-13 中“*SR*300”，表示半径的公称尺寸是 300mm。

在图 2-10 中 “*R*5”，表示半径的公称尺寸是 5mm。

在图 2-11 中 “*CR*5”，表示半径的公称尺寸是 5mm。

2.2.5　尺寸公差值标注方法

尺寸公差简称公差，是尺寸的允许变动量，包括上极限偏差、下极限偏差。上极限偏差对应的是上极限尺寸；下极限偏差对应的是下极限尺寸。

图 2-13 中的 “$\phi10\pm0.2$”，表示直径的上极限尺寸是 10.2mm，下极限尺寸是 9.8mm。

“$10^{+0.4}_{0}$”，表示上极限尺寸是 10.4mm，下极限尺寸是 10mm。

“$10^{0}_{-0.4}$”，表示上极限尺寸是 10mm，下极限尺寸是 9.6mm。

2.2.6　尺寸值范围标注

尺寸范围 “9.9~10.1”，表示尺寸最大值为 10.1mm，尺寸最小值为 9.9mm。

此种标注应用 ASME 标准的比较多，在通过几何关系计算公差值的设计中，有明显的优势。

2.3　控制对象描述

2.3.0 尺寸控制对象高级标注

2.3.1　公共被测尺寸要素 CT

图 2-14a 中 CT 的要求是：3 个不连续的圆柱作为同一个形体，同时进行评价。再加上图中有包容原则的要求，所以图 2-14b 所示为一个 $\phi5.2$mm 的理论圆柱，同时包容 3 个圆柱。

类似功能符号有〈CF〉（详见 2.3.2 节）。

参考标准：GB/T 38762.1、ISO 14405-1：2016。

> **注意：** CT 用于 GB 和 ISO 标准，并且是对实体尺寸的标注。

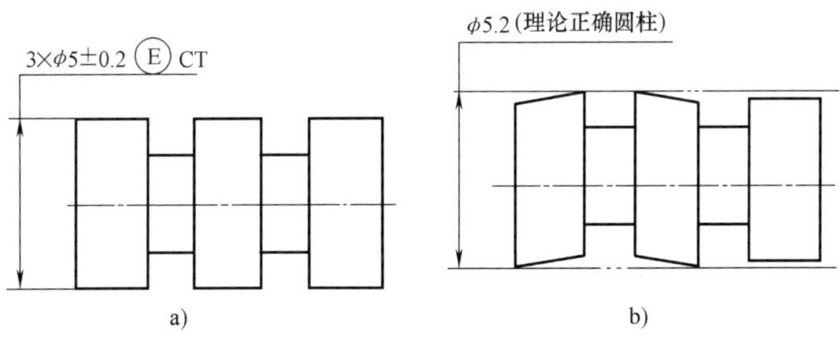

图 2-14

2.3.2 连续形体〈CF〉

2.3.2CF 连续形体标注

图 2-15 中〈CF〉的要求是：3 个不连续的形体作为同一个形体（一整块板），同时进行评价。

由于 ASME 标准的图样默认包容原则的要求，所以有两个理论距离为 20.02mm 的平行平面，同时包容 3 个被控对象。

类似功能符号有 CT（详见 2.3.1 节）。

参考标准：ASME Y14.5—2018（6.3.23 节）。

注意： 1）〈CF〉仅用于 ASME 标准。
2）本知识点仅用于实体尺寸标注。
3）应用于基准（详见 3.5.7 节）。

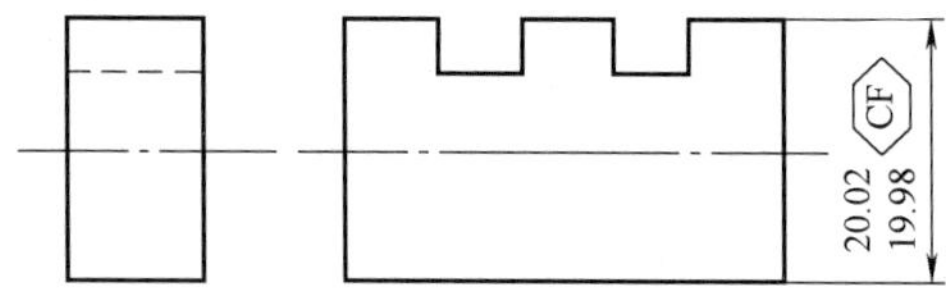

图 2-15

2.3.3 自由状态Ⓕ

如图 2-16 所示，线性尺寸公差后面标注Ⓕ的含义为：整个零件在技术要求的指导下定位夹紧后测量，而标有Ⓕ的尺寸“$\phi10\pm0.2$”在非夹紧的状态测量。Ⓕ有另外两种应用：

1）位于几何公差值后面，其作用与标注在线性尺寸公差后面一样。

2）位于几何公差框格的基准后面（详见 5.3.3 节）。

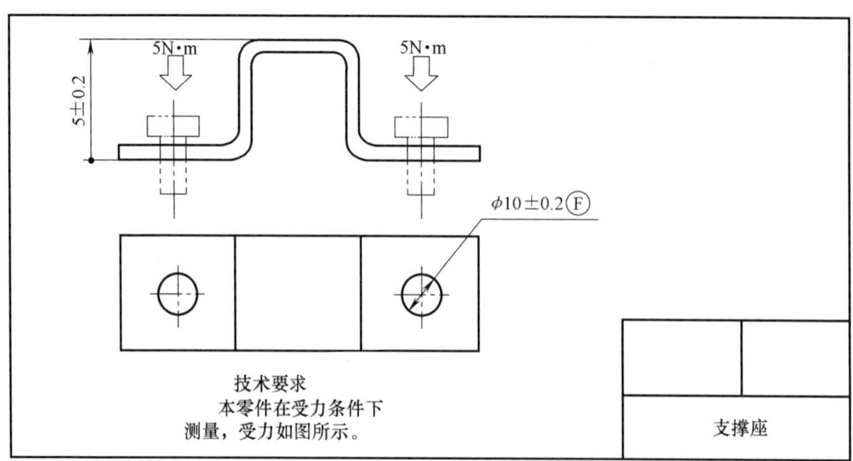

图 2-16

参考标准：GB/T 1182：2018、ASME Y14.5—2018（6.3.20节）、ISO 1101：2017。

2.3.4　控制形体的一部分

尺寸公差的指定控制范围如图2-17a所示，尺寸“ϕ10±0.2”的测量范围在A和B之间。与图2-17b中的标注意义一样。此标注应用在线性尺寸上。

参考标准：GB/T 38762.1—2020、ISO 14405-1：2016。

> **注意**：1）图2-17a中A和B两点位置用两个箭头指出。
> 2）图2-17b用粗点画线表达出指定的控制范围（几何公差和基准有类似应用）。
> 3）图2-17a标注仅用于GB和ISO标准。

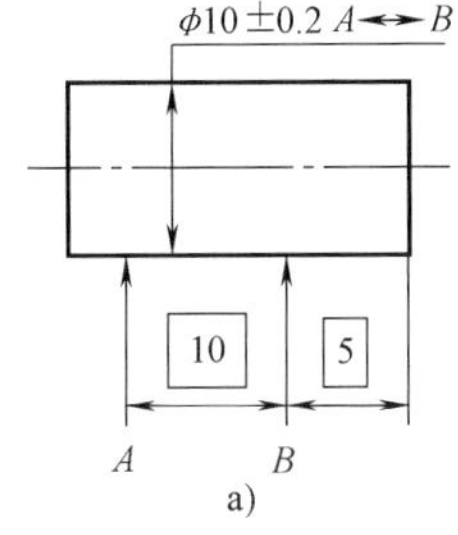

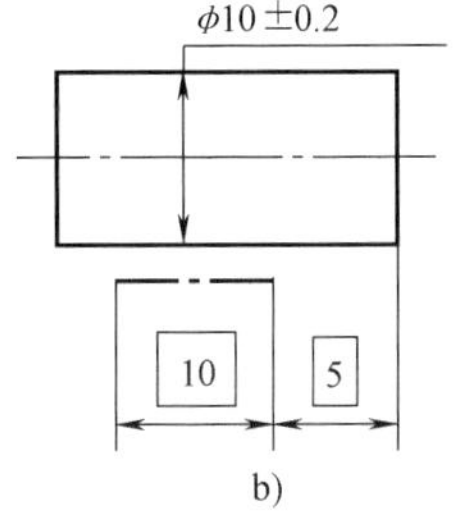

图2-17

2.3.5毛刺、去除材料和过渡区域

2.3.5　毛刺、去除材料和过渡区域

关于内外尖角、尖边的标注，在GB/T 19096和ISO 13715中有详细规定，关键思路见表2-1。

> **注意**：1）标注在外部特征上时，正值为允许有毛刺；标注在内部特征上时，正值为允许的过渡区域。
> 2）所有标负值的都表示要去除材料。
> 3）注意数值标注的位置与方向（毛刺或去除材料或过渡区域的方向）之间的关系。

表2-1　内外尖角、尖边标注的关键思路

标　　注	图形分析	解　　释
+0.3		1）允许毛刺范围为0~0.3mm 2）毛刺方向不确定

（续）

标　　注	图形分析	解　　释
+0.3		1）允许毛刺范围为 0～0.3mm 2）毛刺方向确定
−0.1 −0.3		1）去除材料的范围为 0.1～0.3mm 2）毛刺方向不确定
+0.3		1）允许的过渡区域为 0～0.3mm 2）方向不确定
−0.3		1）去除材料的范围为 0～0.3mm 2）方向确定

2.4　选择测量点的方式和区域

2.4.0 选择测量点的方式和区域

2.4.1　两点尺寸(LP)

两点尺寸仅用于 GB 和 ISO 标准，可以理解为两点尺寸或局部尺寸。

图 2-18 中尺寸“5±0.2”的测量要求如下：

1）拟合此零件的中心面，如图 2-19 所示。

2）在图 2-19 中，对 l_1、l_2 和 l_3 所示方向（垂直于拟合中心面）进行测量，两点之间的距离记录为测量报告。

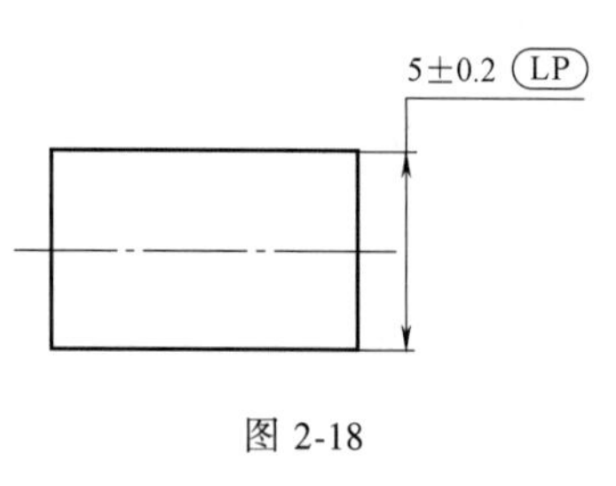

图 2-18

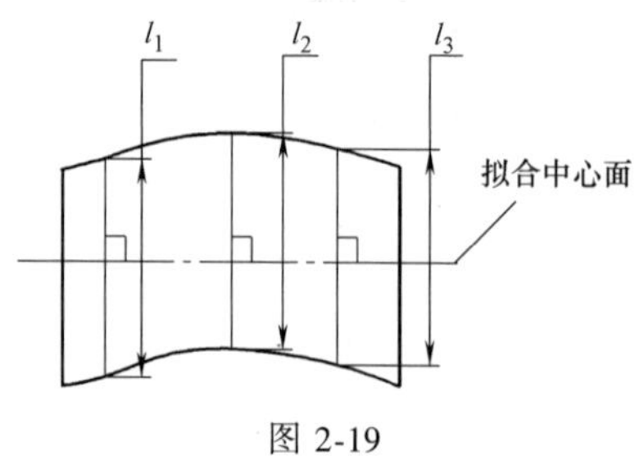

图 2-19

参考标准：GB/T 38762.1—2020、ISO 14405-1：2016。

> **注意：**此标注应用在实体尺寸上，要点是测量方向垂直于拟合中心面。

2.4.2 由球面定义的局部尺寸Ⓛⓢ

球形尺寸仅用于 GB 和 ISO 标准。图 2-20a 中尺寸“5±0.2”的测量要求是：假设一个直径变动的圆柱在板的内部（图 2-20b），圆柱膨胀到同时接触零件的上下表面，并记录圆柱直径为此点的测量值；然后从左向右（反向也可）滚动，在滚动过程中逐一记录圆柱的直径作为测量值。

参考标准：GB/T 38762.1—2020、ISO 14405-1：2016。

> **注意：**此标注应用在实体尺寸上。如果应用在圆柱类的零件上，则把上述假设对象圆柱换成球。

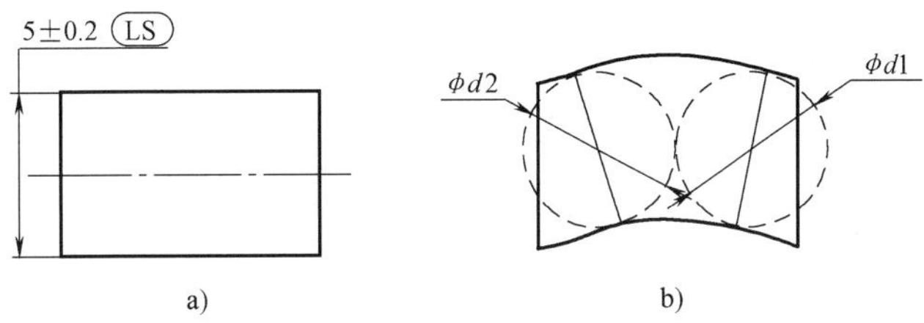

图 2-20

2.4.3 任意横截面 ACS

任意截面 ACS（Any Cross-Section）仅用于 GB 和 ISO 标准。

图 2-21a 中尺寸“5±0.2 ACS”的测量要求如图 2-21b 所示，整个圆柱任意截面必须满足此尺寸要求。此标注应用在实体尺寸上。

参考标准：GB/T 38762.1—2020、ISO 14405-1：2016。

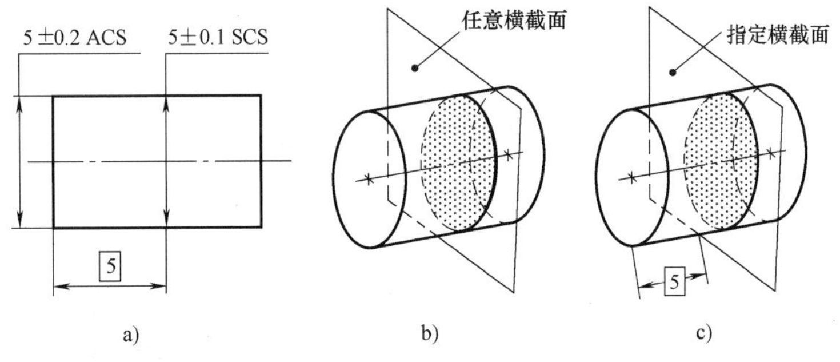

图 2-21

2.4.4 特定横截面 SCS

指定截面 SCS（Specific Cross-Section）仅用于 GB 和 ISO 标准。

图 2-21a 中尺寸“5±0.1 SCS”的测量要求如图 2-21c 所示，圆柱表面 5mm 理论正确尺寸指定的截面必须满足此尺寸要求。此标注应用在实体尺寸上。

参考标准：GB/T 38762.1—2020、ISO 14405-1：2016。

2.5 测量点的拟合方式

2.5.0 测量数据的拟合要求

2.5.1 最小二乘拟合准则(GG)

最小二乘拟合准则仅用于 GB 和 ISO 标准。此标注应用在实体尺寸上。拟合实际测量点的具体要求和方法，通常借助三坐标测量机（CMM）等设备进行操作。

如图 2-22a 所示，假设零件实际状态如图 2-23 所示，测量步骤如下：

1）提取若干实际测量点（取点数量足够多）。

2）按“总体最小二乘法”准则建立拟合形体（图 2-24）。

3）对被建立的拟合形体的尺寸 ϕd（图 2-24）进行评价。

参考标准：GB/T 38762.1—2020、ISO 14405-1：2016。

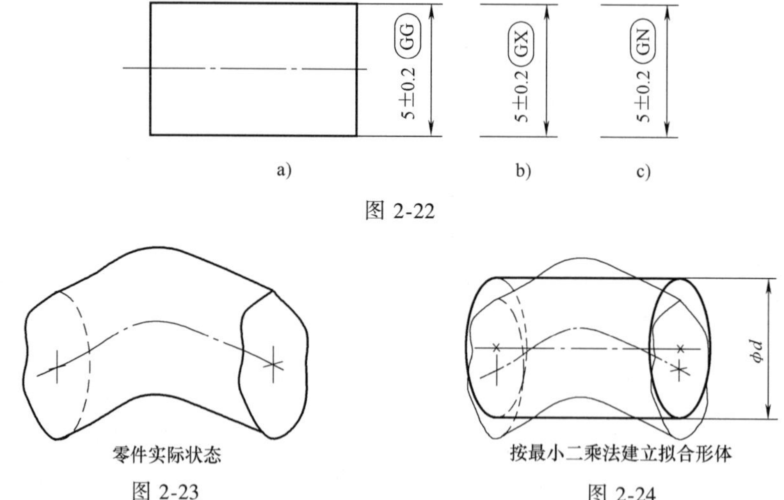

图 2-22

图 2-23

图 2-24

2.5.2 最大内切拟合准则(GX)

最大内切拟合准则仅用于 ISO 标准。此标注应用在实体尺寸上。拟合实际测量点的具体要求和方法，通常借助三坐标测量机（CMM）等设备进行操作。

如图 2-22b 所示，假设零件实际状态如图 2-23 所示，测量步骤如下：

1）提取若干实际测量点（取点数量足够多）。

2）按“最大内切”准则建立拟合形体（图 2-25）。

3）对被建立的拟合形体的尺寸 ϕd（图 2-25）进行评价。

参考标准：GB/T 38762.1—2020、ISO 14405-1：2016。

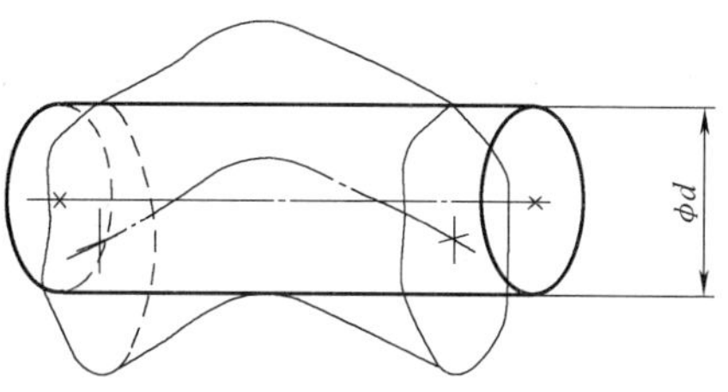

图 2-25

(GX)在内部形体（孔和槽）的应用案例如图 2-26 所示。

> **注意：** 图 2-26、图 2-27 和题图 5-13 这 3 种标注是等效的。

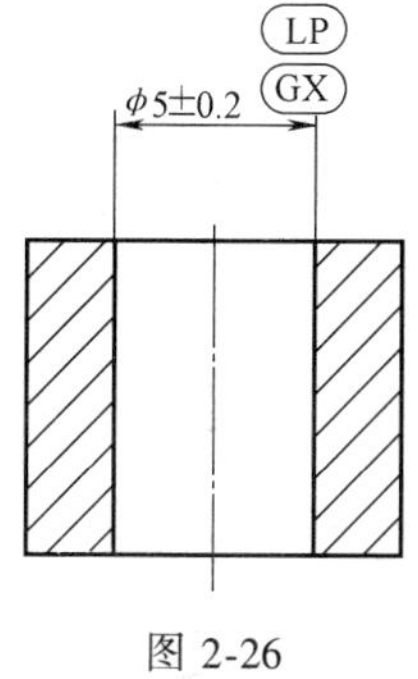

图 2-26

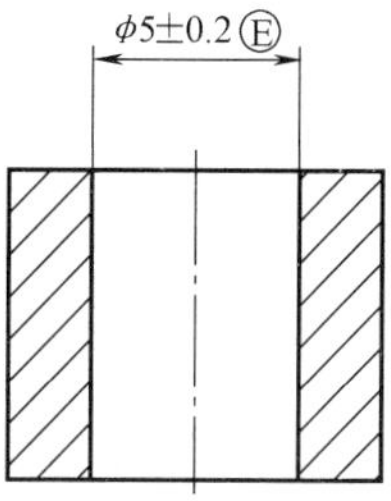

φ5±0.2 (E)

图 2-27

2.5.3　最小外接拟合准则(GN)

最小外接拟合准则仅用于 ISO 标准。此标注应用在实体尺寸上。拟合实际测量点的具体要求和方法，通常借助三坐标测量机（CMM）等设备进行操作。

如图 2-22c 所示，假设零件实际状态如图 2-23 所示。测量步骤如下：

1）提取若干实际测量点（取点数量足够多）。

2）按“最小外接”准则建立拟合形体（图 2-28）。

3）对被建立的拟合形体的尺寸 ϕd（图 2-28）进行评价。

参考标准：GB/T 38762.1—2020、ISO 14405-1：2016。

> **注意：** 图 2-14、图 2-29 和题图 5-12 这 3 种标注是等效的。

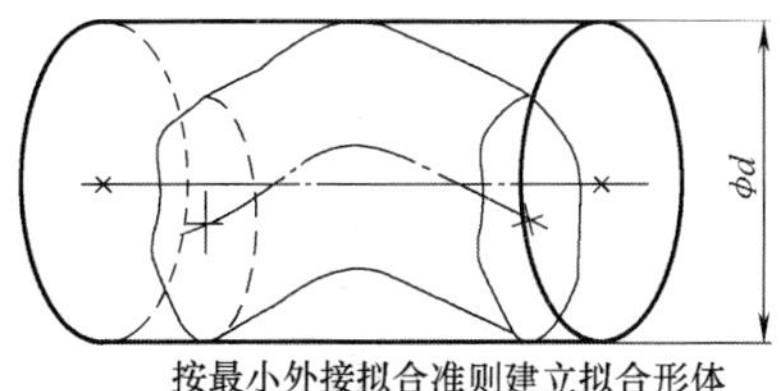

图 2-28

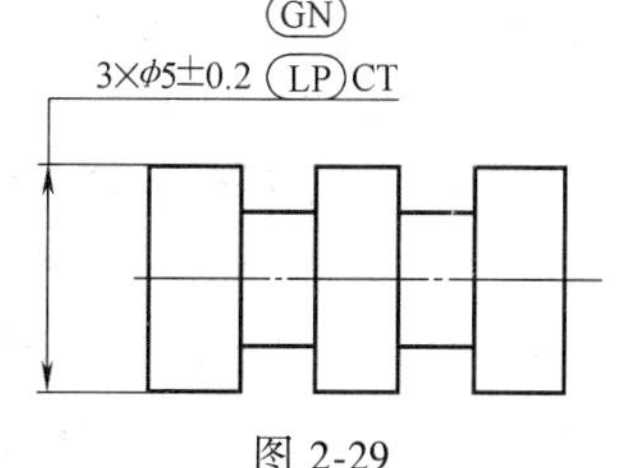

图 2-29

2.6 评价值选择（统计尺寸）

2.6.0 选择评价值的要求

统计尺寸（Rank-Order Size）仅用于 GB 和 ISO 标准。

测量步骤如下：

1）按图 2-30a 所示测量若干两点尺寸值（两点尺寸见 2.4.1 节）。

2）如图 2-31 所示，找出最大值 T_X、最小值 T_N、中间值 T_M，并计算出中值 T_D、平均值 T_A、尺寸分布范围 T_R。

3）根据相关标注的符号，选取对应值进行评价，如Ⓢⓧ表示选择最大值T_X（L_5）。

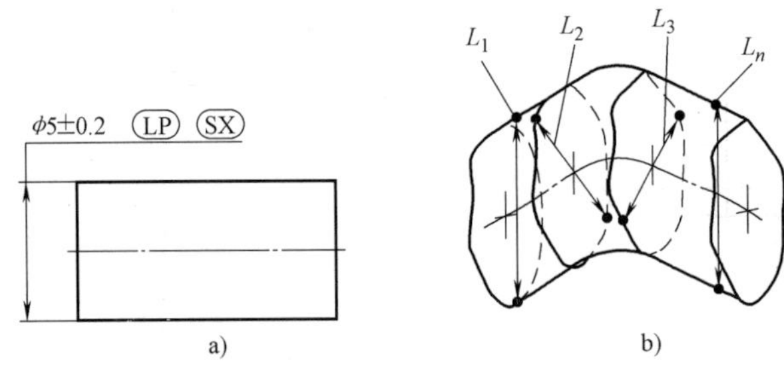

图 2-30

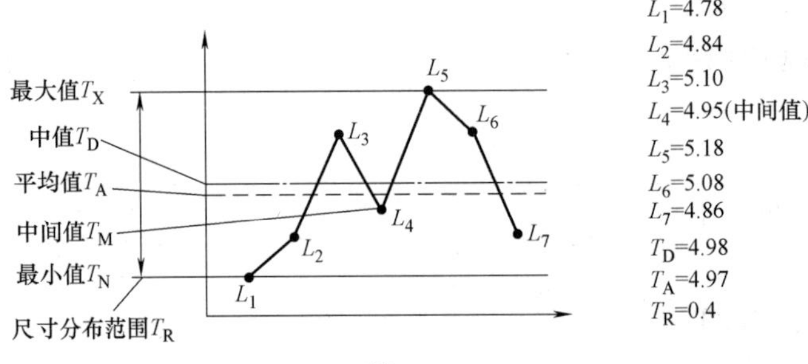

图 2-31

2.6.1 最大尺寸Ⓢⓧ

最大尺寸如图 2-30a 所示标注，与图 2-32 标注意义一样，即ⓁⓅ符号可以不标注。此标注应用在实体尺寸上。测量步骤如下：

1）如图 2-30b 所示，测量若干两点尺寸值。

2）根据相关标注的符号Ⓢⓧ，在图 2-31 中选取最大值 T_X（L_5 = 5.18mm）。

3）评价结果。最大值尺寸在公差范围内，4.80mm<L_5 = 5.18mm<5.20mm，零件合格。

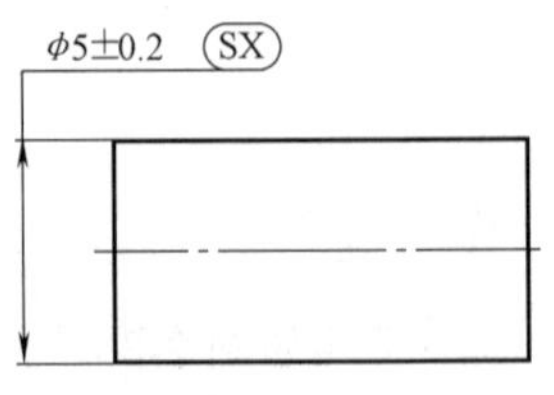

图 2-32

参考标准：GB/T 38762.1—2020、ISO 14405-1：2016。

2.6.2 中位尺寸Ⓢⓜ

中位尺寸如图 2-33a 所示标注，与图 2-33b 标注意义一样，即(LP)符号可以不标注。此标注应用在实体尺寸上。测量步骤如下：

1）如图 2-30b 所示，测量若干两点尺寸值。

2）根据相关标注的符号(SM)，在图 2-31 中选取中间值 T_M（L_4=4.95mm）。

3）评价结果。中位尺寸在公差范围内，4.80mm<L_4=4.95mm<5.20mm，零件合格。

参考标准：GB/T 38762.1—2020、ISO 14405-1：2016。

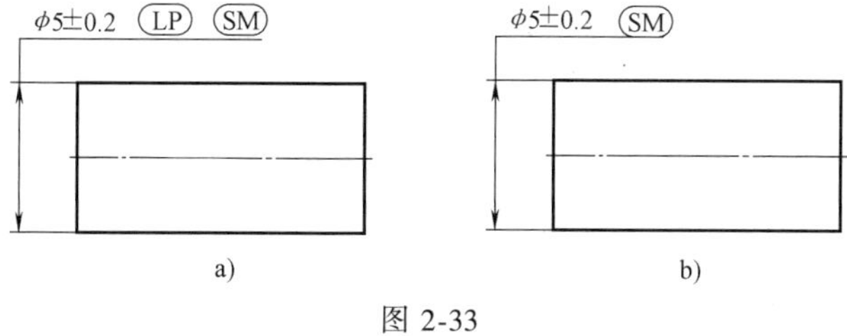

图 2-33

2.6.3 极值平均尺寸(SD)

极值平均尺寸如图 2-34a 所示标注，与图 2-34b 标注意义一样，即(LP)符号可以不标注。此标注应用在实体尺寸上。测量步骤如下：

1）如图 2-30b 所示，测量若干两点尺寸值。

2）根据相关标注的符号(SD)，在图 2-31 中选取中值 T_D=4.98mm。

3）评价结果：中值尺寸在公差范围内，4.80mm<T_D=4.98mm<5.20mm，零件合格。

参考标准：GB/T 38762.1—2020、ISO 14405-1：2016。

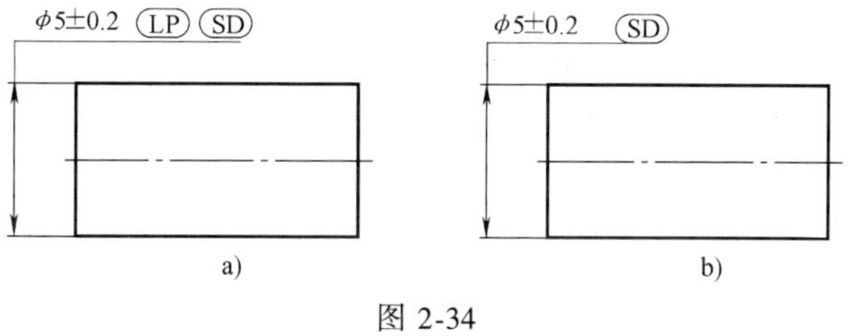

图 2-34

2.6.4 最小尺寸(SN)

最小尺寸如图 2-35a 所示标注，与图 2-35b 标注意义一样，即(LP)符号可以不标注。此标注应用在实体尺寸上。测量步骤如下：

1）如图 2-30b 所示，测量若干两点尺寸值。

2）根据相关标注的符号(SN)，在图 2-31 中选取最小值 T_N（L_1 = 4.78mm）。

3）评价结果。最小值尺寸在公差范围之外，L_1 = 4.78mm<4.80mm，零件不合格。

参考标准：GB/T 38762.1—2020、ISO 14405-1：2016。

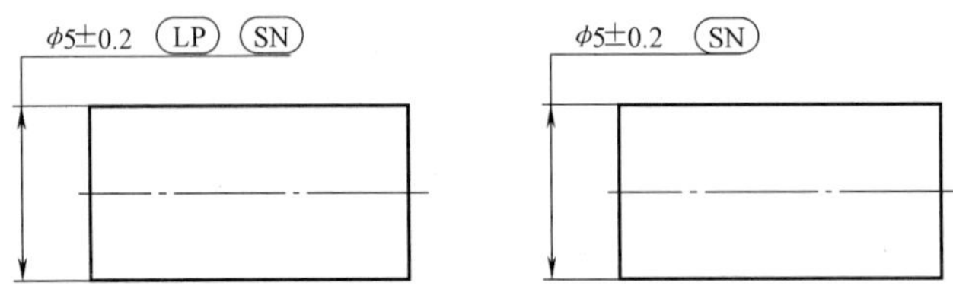

图 2-35

2.6.5 尺寸范围(SR)

尺寸值范围如图 2-36 所示标注，并不是直接评价测量值，而是选取“尺寸分布范围 T_R”。此标注应用在实体尺寸上。测量步骤如下：

1）如图 2-30b 所示，测量若干两点尺寸值。

2）根据相关标注的符号(SR)，在图 2-31 中选取尺寸分布范围 T_R = 0.4mm。

3）评价结果。尺寸分布范围 T_R 在尺寸公差范围之外，T_R = 0.4mm>0.2mm，零件不合格。

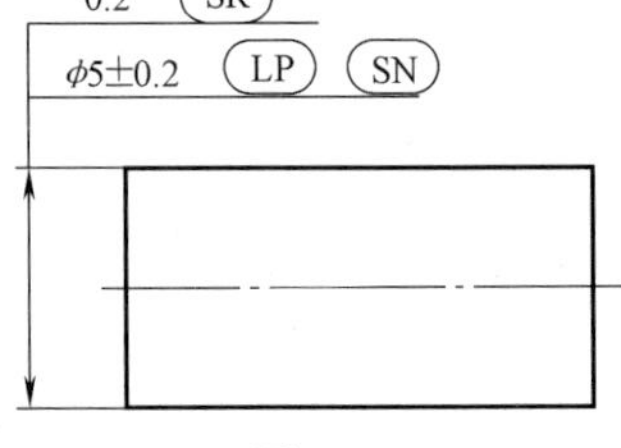

图 2-36

参考标准：GB/T 38762.1—2020、ISO 14405-1：2016。

2.6.6 平均尺寸(SA)

平均尺寸如图 2-37a 所示标注，与图 2-37b 标注意义一样，即(LP)符号可以不标注。此标注应用在实体尺寸上。测量步骤如下：

1）如图 2-30b 所示，测量若干两点尺寸值。

2）根据相关标注的符号(SA)，在图 2-31 中选取尺寸平均值 T_A = 4.97mm。

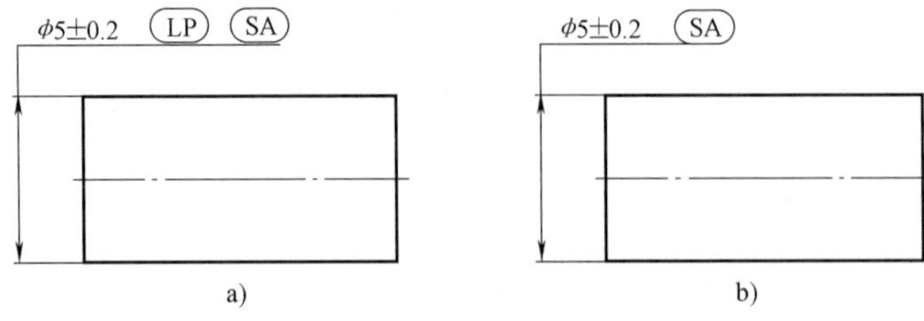

图 2-37

3）评价结果。平均尺寸在尺寸公差范围之内，4.80mm < T_A = 4.97mm < 5.20mm，零件合格。

参考标准：GB/T 38762.1—2020、ISO 14405-1：2016。

2.6.7 平均值 AVG

平均值标注并不属于统计尺寸（Rank-Order Size），而是应用于 ASME 标准，其实际意义等同于 ISO 中的尺寸平均值(SA)，如图 2-38 所示。此标注应用在实体尺寸上。测量要求如下：

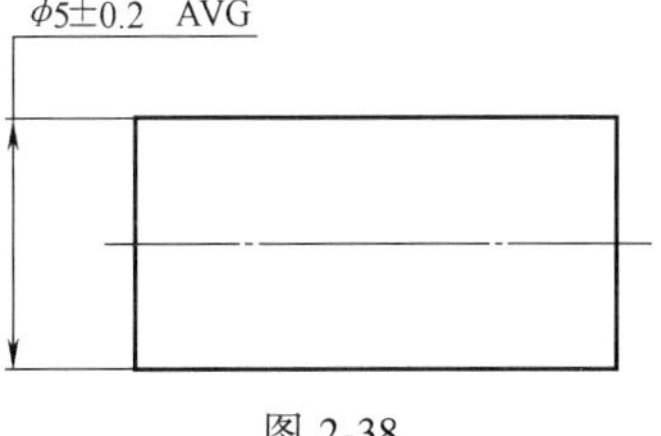

图 2-38

1）如图 2-30b 所示，测量若干两点尺寸值。

2）如图 2-31 所示，计算出 T_A。

3）尺寸平均值在尺寸公差范围之内，4.80mm<T_A=4.97mm<5.20mm，零件合格。

参考标准：ASME Y14.5—2018（8.5 节）。

2.6.8 过程统计尺寸〈ST〉

过程统计尺寸标注并不属于统计尺寸（Rank-Order Size），而是应用于 ASME 标准，如图 2-39 所示。

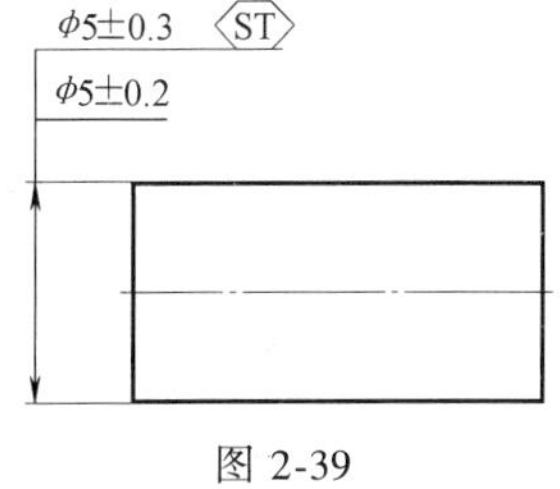

图 2-39

当图样有〈ST〉标注时，要求此尺寸在生产过程中要做 SPC 统计过程控制。

随着现代统计学的发展，设计工程师发现，生产过程中的零件是呈正态分布的，也就是大多数零件会向中值靠拢，这一发现给制造带来了极大的好处，因为可以得到更大的制造公差。如图 2-39 所示，第一行制造公差值为±0.3mm（当然生产过程中需要做严格的统计过程控制），而第二行制造公差值为±0.2mm（生产过程中可以不做统计过程控制）。很明显，零部件制造商都会选择第一行的控制要求。

参考标准：ASME Y14.5—2018（5.18 节）。

2.7 计算评价类尺寸

计算评价类尺寸的测量结果是间接得到的，按照下面的标注采用对应的计算公式推导得出。

2.7.1 周长直径(CC)

周长直径标注如图 2-40 所示，此标注应用在实体尺寸上。此时圆柱的测量步骤如下：

1）选择某横截面，测量此截面的周长值 L。

2）用图 2-40 右侧的周长公式计算 d 的数值：$d=L/\pi$。

3）判断计算的直径 d 是否在公差 $\phi19.5\sim\phi20$mm 范围之内。

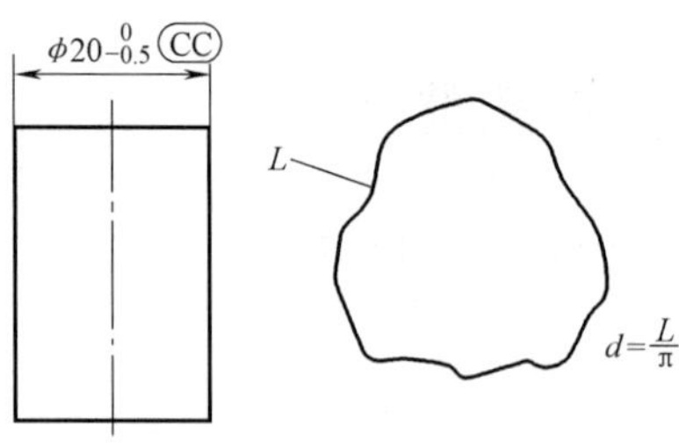

图 2-40

参考标准：GB/T 38762.1—2020、ISO 14405-1：2016。

2.7.2 面积直径Ⓒⓐ

面积直径标注如图 2-41 所示，此标注应用在实体尺寸上。此时圆柱的测量步骤如下：

1）选择某横截面，测量此截面的面积值 A。

2）用图 2-41 右侧的面积公式计算 d 的数值。

3）判断计算的直径 d 是否在公差 $\phi19.5\sim\phi20$mm 范围之内。

参考标准：GB/T 38762.1—2020、ISO 14405-1：2016。

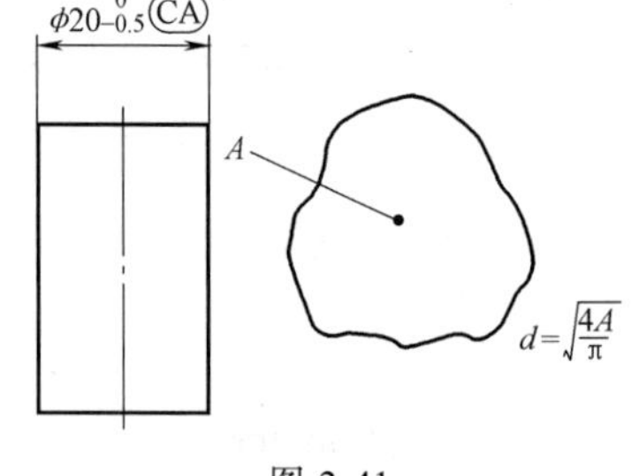

图 2-41

2.7.3 体积直径(CV)

体积直径标注如图 2-42 所示，此标注应用在实体尺寸上。此时圆柱的测量步骤如下：

1）测量此零件的体积值 V。

2）用体积公式计算 d 的数值：$V=Ld^2/4\pi$。

3）判断计算的直径 d 是否在公差 $\phi19.5\sim\phi20$mm 范围之内。

参考标准：GB/T 38762.1—2020、ISO 14405-1：2016。

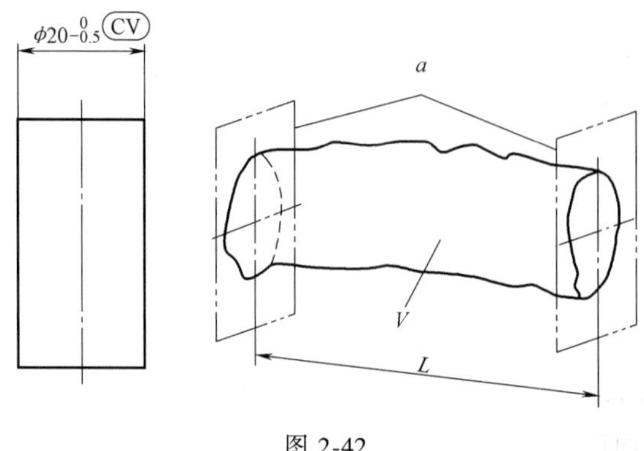

图 2-42

2.8 沉孔类

ASME 标准对孔和沉孔做了详细的规定，如图 2-43a 中标注所示，图 2-43b 所示为具体尺寸和结构的说明。

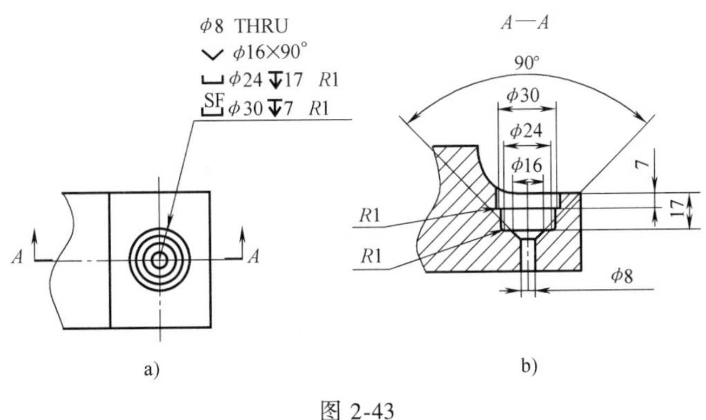

图 2-43

2.8.1 沉头孔⌴

沉头孔（Counter Bore）如图 2-44 所示，符号“⌴ ϕ30”表示直径为 ϕ30mm 的沉头孔，目的是埋入螺栓头。

参考标准：ASME Y14.5—2018（6.3.12；4.5.11 节）。

> **注意：** 沉头孔的孔底平面部分的尺寸是直径 ϕ30mm，加工圆角 R2mm 在此范围之外。

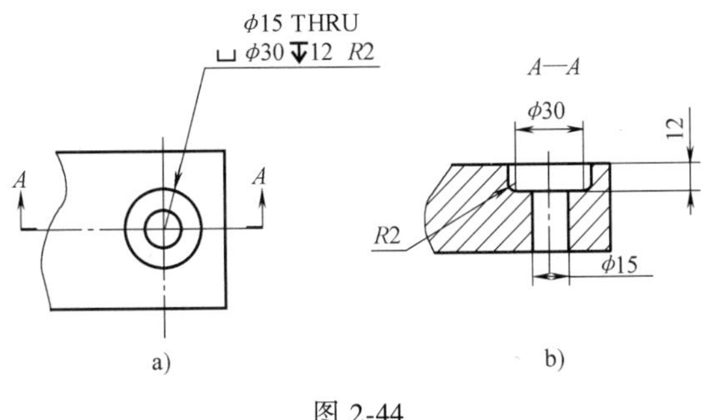

图 2-44

2.8.2 锪平SF

锪平（Spot Face）如图 2-45 所示，符号“SF”表示直径为 ϕ30mm 的沉孔，目的是在孔的顶部周围加工成圆柱形凹坑以便螺钉头或垫圈能齐平安装。

参考标准：ASME Y14.5—2018（6.3.13；4.5.14 节）。

注意：1）锪平的孔底平面部分的尺寸是直径 ϕ30mm，加工圆角 R2mm 在此范围之外。
2）孔深未标注时，需要保证锪平底面尺寸大于直径 ϕ30mm（图 2-45 为 A—A 剖视图）。

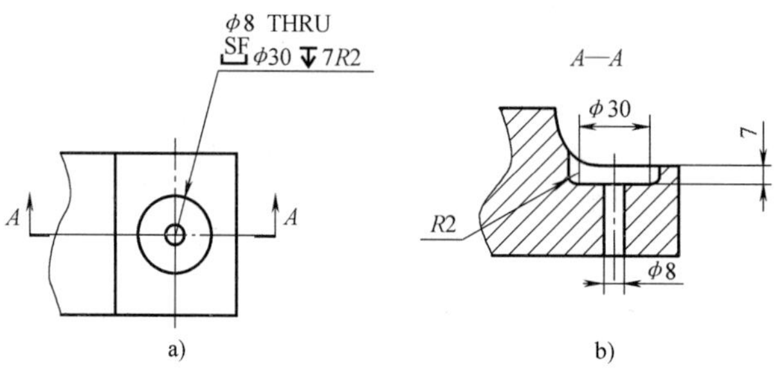

图 2-45

2.8.3 埋头孔∨

埋头孔（Countersink 或 Counterdrilled）如图 2-46a 所示，符号“∨”表示直径为 ϕ30mm 的锥口沉头孔，如图 2-46b 所示。

参考标准：ASME Y14.5—2018（6.3.14；4.5.12 节）。

注意：此种标注时，90°的锥面是由钻头直接加工而成的。

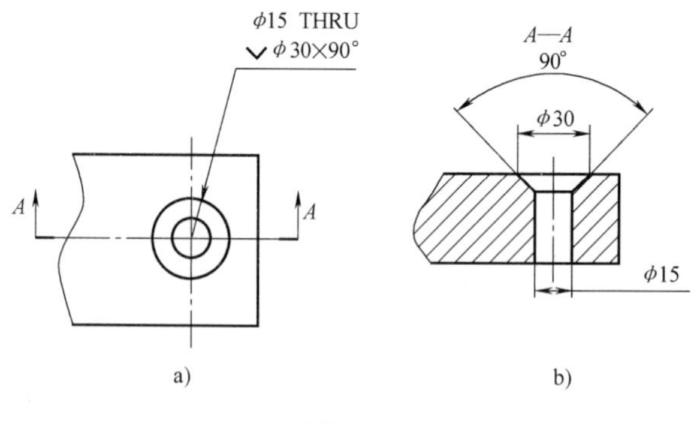

图 2-46

2.8.4 通孔 THRU

通孔如图 2-43 至图 2-46 所示，符号“THRU”表示此孔为通孔。

2.8.5　孔深↧

孔深如图 2-43 至图 2-45 所示，符号“↧”表示此孔深度。

参考标准：ASME Y14.5—2018（6.3.15 节）。

> **注意**：当沉孔未标注“↧”和深度时，也可以像 *A—A* 剖视图中那样直接标注出孔深。

2.8.6　孔底圆角

孔底圆角如图 2-43 至图 2-45 所示，符号“*R*”表示此孔底为圆角尺寸。

思　考　题

2-1　填空题

1）位置尺寸的测量思路：____________________________________。

2）独立原则：图样上给定的每个________、________和________的要求均是独立的，应分别去满足。

3）包容要求：实体尺寸标注了尺寸公差时，这个________就控制了________的变化范围，实体只能在尺寸公差允许范围内。实体尺寸的测量方法是________，常见的实体形现形式有________、________、________、________。

2-2　什么是独立原则？

2-3　什么是包容要求？

2-4　你知道下面标准是默认遵守独立原则还是默认遵守包容要求吗？

ASME Y14.5—2018　ISO 1101：2017　GB/T 1182—2018

2-5　包容要求在哪几种情况下失效？

2-6　请根据题图 2-1，设计最大可以通过的轴（假设有 0.01mm 的间隙即可穿过）。

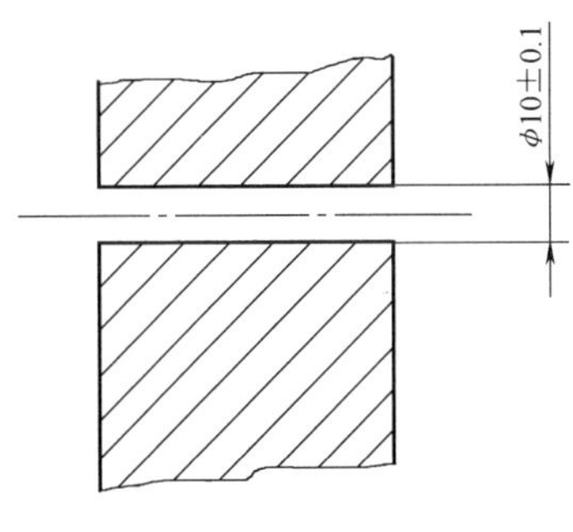

题图 2-1

第3章

基准应用

转眼间，在达路斯的设计工作已经有 3 年了，子谦的合同也到期了，他不得不正视理想和现实的差距。产品真正的设计权在国外的研发中心，国内只是进行小的改型和应用，所以他打定主意要去别的行业看看。幸运的是，没多久他就接到了财富五百强美国 WRT 沃尔通汽车部件有限公司的 Offer，岗位是工艺工程师。

工艺部经理石川是个日本老头，他严谨负责，技术功底扎实，也是一位教练式的管理者，在他笔记本的第一页写着：资源是有限的，科学技术是无限的，用无限的科学技术去开发有限的资源。这句话让子谦很受启发。

公司新开发了一个密封饰条的锯切工艺，设备是从昆山购买的，设备验收报告到了批准阶段，石川看到锯片更换记录后，问："子谦，你研究过吗？锯片每次的锯切成本是多少？"

子谦："锯片价格 1200 元一个，可以锯 600 次，每刀 2 元。"

石川："很好，我上次在竞争对手那里看到，每片锯片可以锯 2000 次，成本是 0.6 元，你有什么想法？"

子谦："哦，目前没有，但我想去现场看看再向你汇报。"

子谦来到现场，谨遵"三现"主义（现场、现时、现事）的原则，跟踪了整个锯片的使用过程（见图 3-1 所示锯切装置原理），发现同时新换的两个锯片，其中一个锯片仅切到 20 刀时就出现冒烟和橡胶味，当到 400 多刀时被切产品表面已不太完美，而另一锯片切到近 500 刀时才有冒烟和橡胶味，最终使用到 900 刀时，

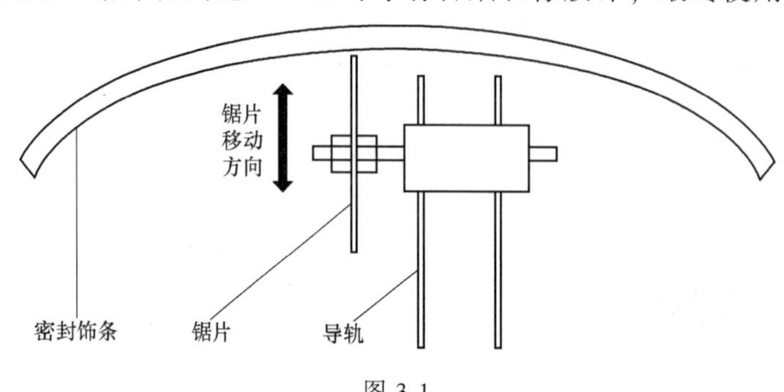

图 3-1

产品表面才有缺陷。于是，子谦用电子测温计测量了两个锯片温度，发现提前失效的锯片温升很快，而且失效时锯齿破损已非常严重。

是什么原因导致锯齿破损？是什么导致温升？温升快与锯齿破损之间有什么联系呢？带着这些问题，子谦在吃午饭时同石川经理进行了一次沟通。石川经理给出了建议，用磁性表座吸在设备稳定的地方，用百分表测量锯片（图 3-2），看有何不同。

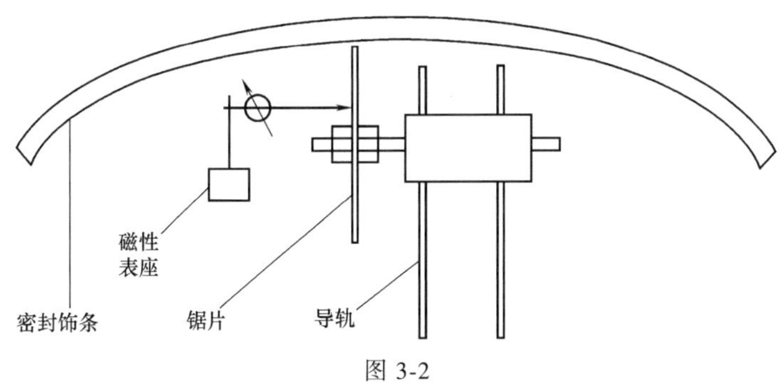

图 3-2

试验时记录表针的跳动值，见表 3-1。

表 3-1 表针跳动值

锯片温度/℃	20	100	180
锯片自转/mm	0.08	0.25	0.61
锯片自转+前进/mm	0.2	0.38	0.73

子谦：“由于锯片切入产品时有夹角，当锯片切入时，与产品产生摩擦升温，升温后锯片热胀变形，变形后的锯片加剧了摩擦，并加大了锯齿间断切削的程度，从而缩短了锯片寿命。所以，我们要解决的问题有两点：一是锯片法向切入产品；二是减少锯片变形。”

石川听后微微点头，并商定了解决方案，工装验收要求如下（图 3-3）：

1）锯片自转跳动 0.03mm。

2）锯片自转+前进 0.04mm。

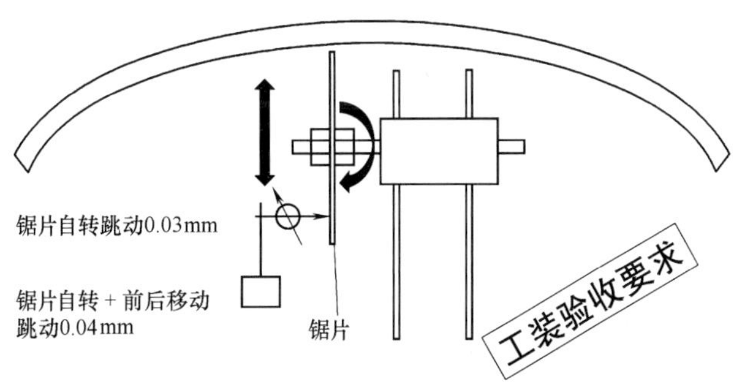

图 3-3

经过讨论，设计改动见表 3-2。

表 3-2 设计改动

问题点	可能的原因	控制方法
初始安装误差	导轨歪	百分表校准
	压盘歪	
切割力变形	轴弯曲	加粗主轴
	轴向窜动	推力轴承
锯片变形	摩擦热膨胀	控制锯片歪斜
	切割力	加大压盘直径
⋮	⋮	⋮

3.1 三种常用基准

此事件之后，子谦对百分表的测量有了疑问，磁性表座吸在机器外表面上，即把此表面当作基准，但机器外表面并不平整呀，与之前理解的基准要求应该比产品精度高的思路起了冲突，于是去请教石川先生。

石川："这次我们用的是直接基准法，磁性表座吸在机器外表面上是不动的，所以可以用来比较移动部分的跳动情况。另外，表座和机器表面是最高点接触，也吻合模拟法的定义哦。"

子谦立刻翻阅了 GB/T 1958—2017、ASME Y14.5—2018 等资料，找到了工程实践中常用的三种基准使用方法：即直接法、模拟法和目标法（图 3-4）。

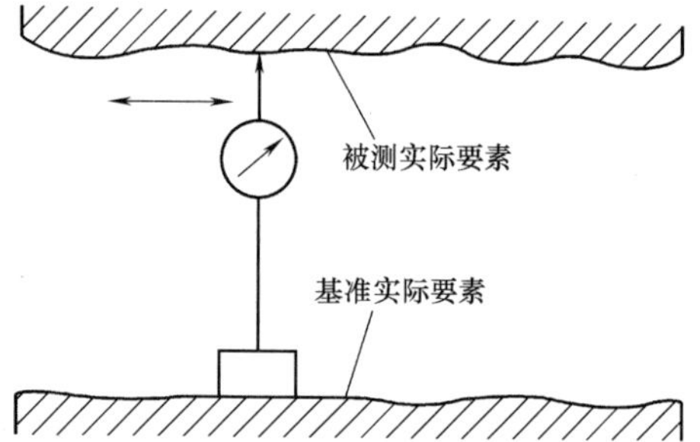

图 3-4

3.1.1 直接法

3.1.1 直接基准法

子谦看到直接法时，立刻回想起在达路斯公司的总装现场看到的一幕：一台卖给福特公司的 2000t 压力机，它需要保证上下两个装模具的模板之间的平行度（图 3-4），但模板长 7m、宽 3m，如何测量呢？

将一个磁性表座放置在下模板下，表座连接百分表头顶住上模板，然后在上、下模板间前后左右移动，百分表的跳动值就是两模板的平行度误差。

3.1.2　模拟法

3.1.2 模拟法

今天子谦回老单位去参加海挺的生日会。寒暄之后，海挺问子谦：“最近技术有进步吗？”

子谦：“海挺兄，我最近在学习基准，对模拟基准有点迷糊。”

海挺：“如果我把图 3-5 加上一个（10±0.2）mm 的公差（图 3-6），那么这个零件尺寸合格吗？”

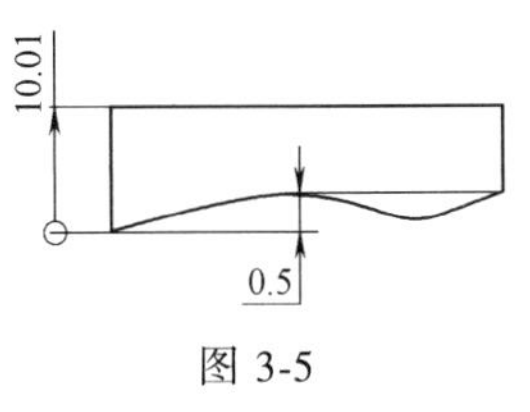

图 3-5

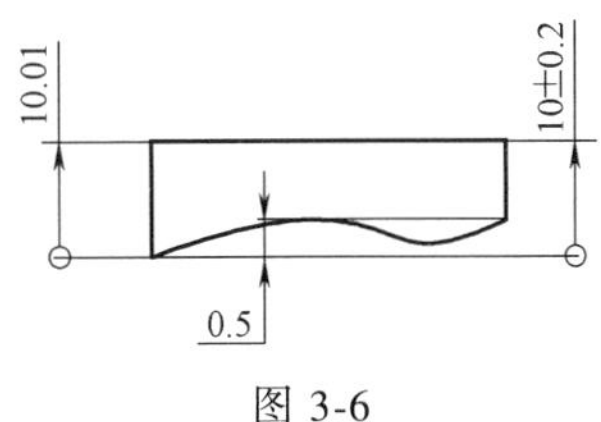

图 3-6

子谦：“测量时，底面放在大理石平台上，测量值是合格的，但是底部凹进去 0.5mm，似乎有点不对，好像儿子的年龄比老子还大似的。”

海挺：“嗯，那我就问你一个问题：基准和基准面是一回事吗？”

子谦愣了半天说：“基准面是零件的下表面，而基准是大理石平台，所以基准是基准面上最高点形成的平面。哦，我明白了，基准和基准面原来是这么个关系。”

海挺说：“三种常用的基准方法都包含四个基准应用的概念，即基准符号、基准面（图 3-7 中的基准实际要素）、基准（图 3-7 中的模拟基准）和基准模拟体。在日后的工作中慢慢体会吧。”

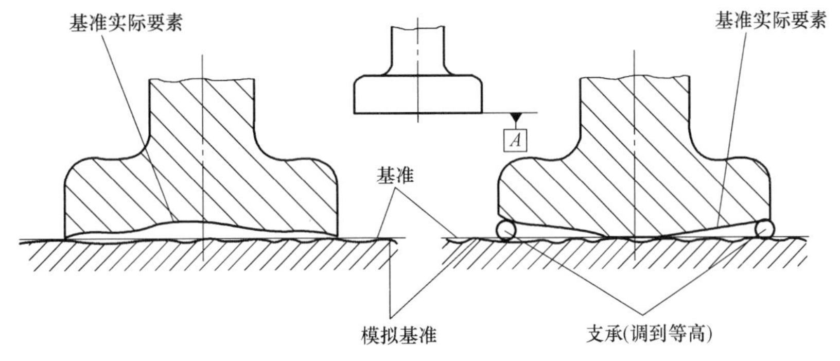

图 3-7　模拟法

3.1.3　目标法

3.1.3 目标基准法

子谦又问道：“海挺兄，前天我遇到一个目标基准法，没太明白。”

海挺："这样，我讲两点内容：一是要明白它的标准定义；二是要能理解它是如何建立起来的。我再给你讲一下我见到它的应用情况。"

海挺："在图 3-8 中，*A*1、*A*2、*A*3 是一个基准还是三个基准？"

子谦："应该是一个。"

海挺："对，是一个，并且要 3 个直径为 ϕ5mm 的销表面上建立 *A* 基准。我的问题是：这个 3 个 ϕ5mm 的表面是用平头销、圆头销，还是尖头销？"

子谦："不知道，三种销有什么区别？"

海挺："那么，哪种销可以保证每次最高点接触呢？"

子谦："当然是平头。哦，我知道了，这样一致性更好。"

海挺：" 对，是这样。好了，现在给你讲一下它的应用情况。最初用在铸件上的粗加工基准上，因为铸件表面粗糙不平，放在平台上不稳定，所以三个销的顶部正好可以解决这个问题，使铸件加工时平稳，并且一致性比较好。另外，注塑件比较软，容易变形，可以用目标法支起零件，所以就开始这样用了。"

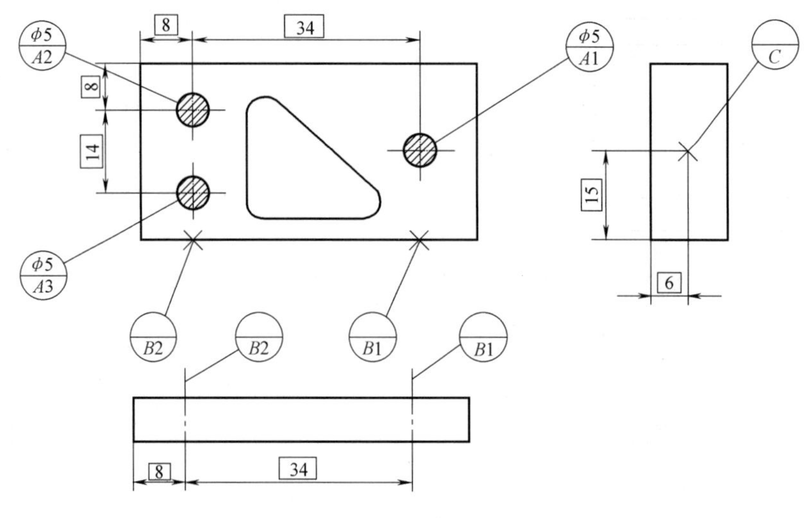

图 3-8　目标法

面基准目标：*A*1、*A*2、*A*3 共三个面基准组成了 *A* 基准。

线基准目标：*B*1、*B*2 共两个线基准组成 *B* 基准。

点基准目标：*C* 为点基准。

3.2　确定基准

3.2.1　测量基准选择

子谦与温斌一同被工艺经理派去进料检验室实习，由海挺带领。

海挺："这张图（图 3-9）能看懂吗？"

子谦答："能，两个面之间的理论距离为 20mm，极限偏差为±1mm。"

海挺说："好，这有 10 件，你们先测，我先出去会儿。"

温斌找来一把卡尺，结果产品太长放不进去，两人傻了。片刻，子谦看见温斌身后的大理石平台，说："我们可以把零件放到上面，用高度尺量高度呀！"

温斌："太好了，方法是你想到的，那我去找高度尺吧。"

说完出了进料检验室。

子谦弯腰把产品从地上搬到大理石平台上，发现大理石下就恰好有一把高度尺，于是拿出来开始按图 3-10 测量。

图 3-9

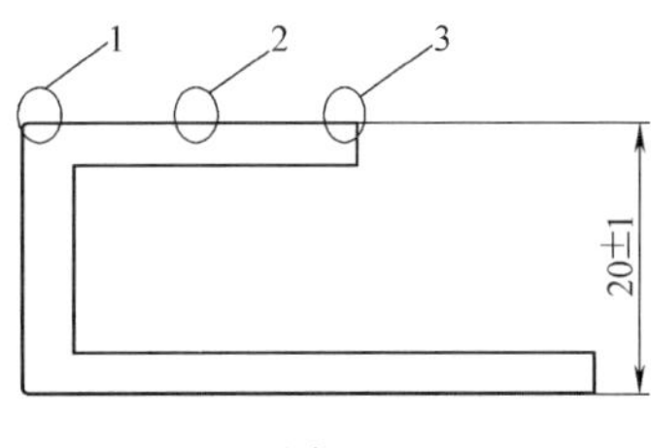

图 3-10

每个零件取 1、2、3 个点，求平均值，并列写报告（表 3-3）。

表 3-3 检测报告 （单位：mm）

件号	一	二	三	四	五	六	七	八	九	十
点 1	19.1	19.5	20.4	20.5	19.7	19.5	20.4	19.8	20.4	20.3
点 2	20.0	19.1	20.8	20.0	19.6	19.6	20.4	20.6	20.4	20.2
点 3	20.9	19.5	20.9	19.0	19.6	20.8	19.8	19.3	20.6	21.0
均值	20.0	19.3	20.7	19.9	19.6	20.0	20.2	19.9	20.5	20.5
判断	OK	OK	OK	OK	OK	OK	OK	OK	OK	OK

这时温斌回来了，看到子谦的劳动成果后，埋怨道："你太坏了，都不等我一起测。"

子谦："没事，你再测一遍吧，哈哈！"

片刻，温斌的声音再次响起："子谦，你测错了吧？有 2 个不合格呢！"

子谦一看数据（表 3-4），的确不对，测量值有 21.3mm、18.7mm。

表 3-4 测量数据 （单位：mm）

件号	一	二	三	四	五	六	七	八	九	十
点 1	19.1	19.6	20.7	20.3	20.4	20.3	19.8	20.1	19.3	20.9
点 2	21.0	18.8	19.9	19.3	19.7	20.2	19.9	20.7	19.3	20.3
点 3	23.8	17.8	20.6	20.9	19.1	20.4	20.3	20.1	20.3	20.8
均值	21.3	18.7	20.4	20.2	19.8	20.3	20	20.3	19.6	20.6
判断	NG	NG	OK	OK	OK	OK	OK	OK	OK	OK

温斌发现了问题所在："哥们，你搞错啦，零件不是这样（图 3-11）测的，应该翻过来，大面向下才稳定。大学时老师就解释过这个问题：面积大的作为基准更稳定，误差会小。"

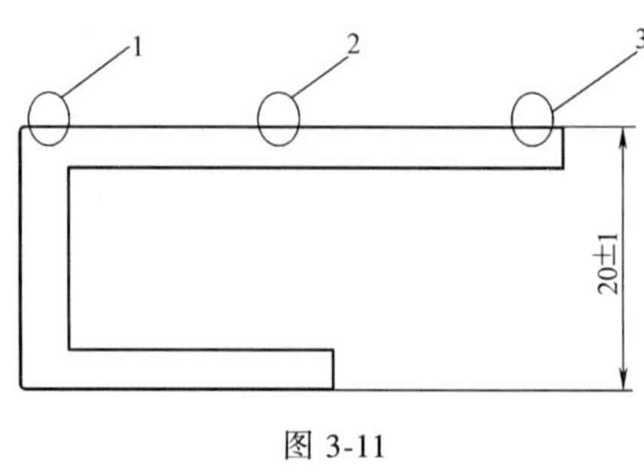

图 3-11

子谦略作思索："不对呀，就算大面稳，我这样压紧后，零件也稳定呀！"

于是，两人把零件重新用两种方法测量，找到最极端的零件，结论如图 3-12 所示。

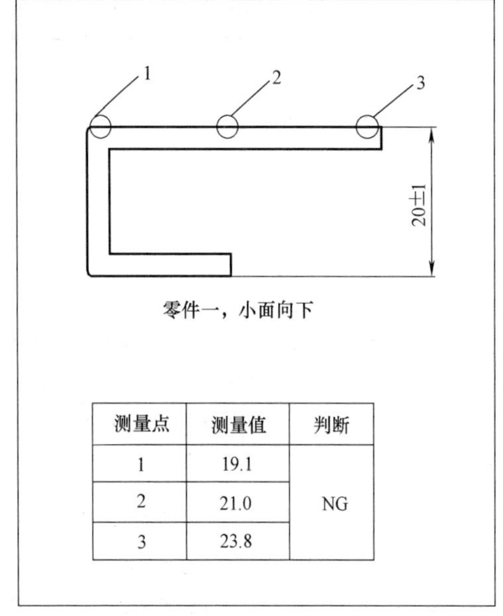

测量点	测量值	判断
1	19.1	NG
2	21.0	
3	23.8	

a)

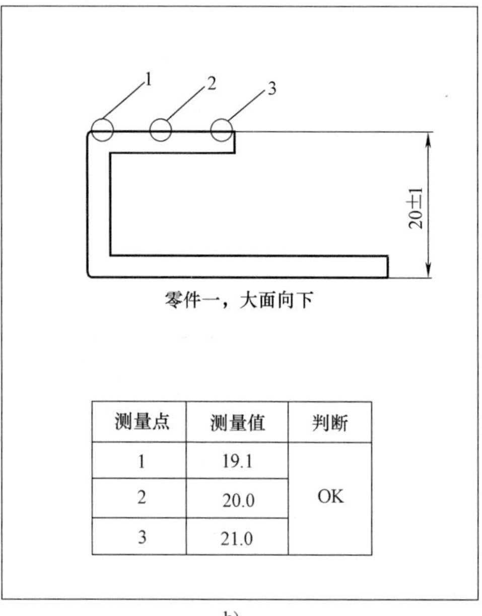

测量点	测量值	判断
1	19.1	OK
2	20.0	
3	21.0	

b)

图 3-12

这时，海挺开完会回来了，两人像找到救星一样，抓住海挺就问为什么。

海挺哈哈笑道："刚才走得急，忘了告诉你们，这有检验指导书，上面说明了按图 3-12b 所示测量。记住：测量基准由零件的装配关系决定。"

那么，为什么测量基准由零件的装配决定呢？子谦和温斌心里有了疑问。

晚上，子谦带着这个疑问进入了梦乡。梦中来了一个新同事，他来自火星，正在测量一张桌子，他把桌子搬到大理石平台上，让桌面和大理石平台贴平，正在测桌腿的高度。"火星人的思维果然异于咱地球人，哈哈。"子谦暗自好笑。等等……哦哦，子谦明白了，因为桌子的使用是四条腿放在地上，桌子的使用功能是桌面的高低，测量时当然也按使用状态（装配）进行测量。

"温斌，温斌，我知道啦……"子谦兴奋地手舞足蹈。这一折腾，梦醒了。一

时半刻也睡不着了，索性整理一下思路，得出两点结论：

1）测量基准由装配关系决定。零件最终都是用于装配的，所以测量的数值需要反映装配的状态。

2）“面积大的作为基准更稳定，误差小”这句话本身没有错误，只是放错了应用场景，它应用于零件的结构设计上，装配关系上选择更大的表面作为基准。也就是装配关系一旦确定，测量基准就确定下来了。

3.2.2　基准系

3.2.2 基准系统—设计制造和测量

完成上面的总结之后，子谦隐隐约约想起 Mike 曾经说过的一个案例。如图 3-13 所示，讨论的话题是尺寸（20±0.2）mm 有两种测量方法，如图 3-14 所示。请问图 3-14a 还是图 3-14b 哪个对？

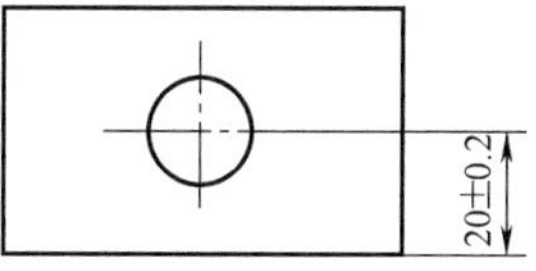

图 3-13

正确答案是：两种方法都不选。因为图 3-13 中标注的是线性尺寸公差，没有表达零件装配关系。正确思路是，首先确认零件装配顺序，然后用几何公差标注清楚，这样测量基准就很明确了。

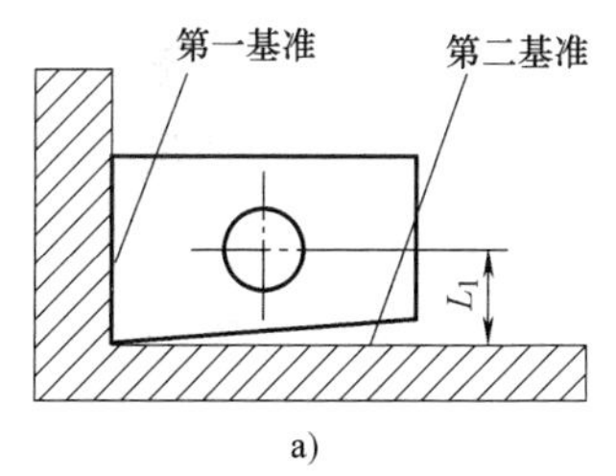

a)

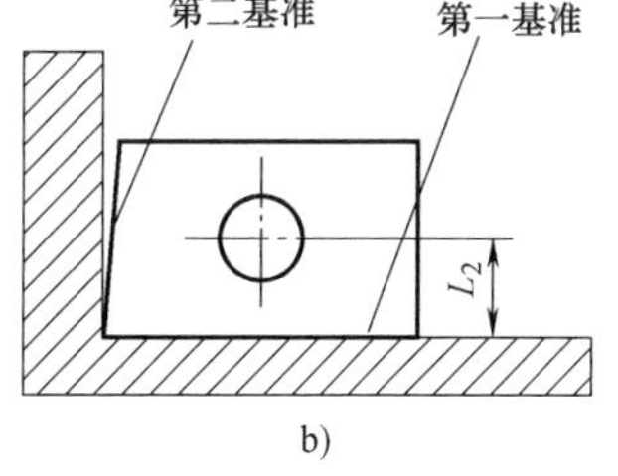

b)

图 3-14

例如，图 3-15 所示的几何公差框格标注出基准系是 *A*、*B*、*C*。装配时，背面 *A* 先贴平，其次底面 *B* 贴平，再次侧面 *C* 贴平。如此一来，按照基准系的顺序三面贴平之后再评价孔的位置，测量结果将真实地反映装配状态。

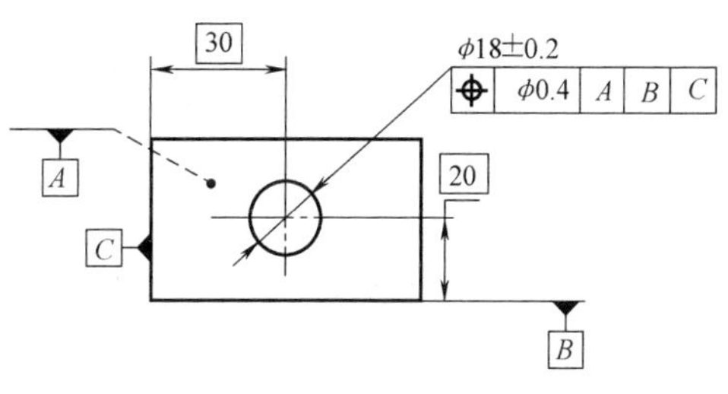

图 3-15

> **注意：** 1）零件装配关系超过一个基准时，必须用几何公差。因为几何公差框格基准顺序就是装配顺序关系，也是测量基准系的顺序关系。
>
> 2）在图 3-15 中，位置度评价的基准系是 *A*、*B*、*C*，*A* 面是第一基准（先拟合 *A* 面），*B* 面是第二基准（其次 *B* 面，并垂直于 *A* 面），*C* 面是第三基准（再次 *C* 面，并垂直于 *A*、*B*）。

3.2.3 标注基准思路

石川安排子谦帮助新员工赵云检查图样，如图 3-16 所示。

子谦问："*A* 表示什么意思？为什么标在尺寸线对齐方向呢？"

赵云："*A* 是 (10±1)mm 的基准。"

子谦说："哦，这样哈，基准标注有严格要求，只有实体中心要素作为基准时，才可以标在尺寸线对齐方向上。如图 3-17 所示，基准 *A* 为板的中心面，基准 *B* 为内孔的中心线。"

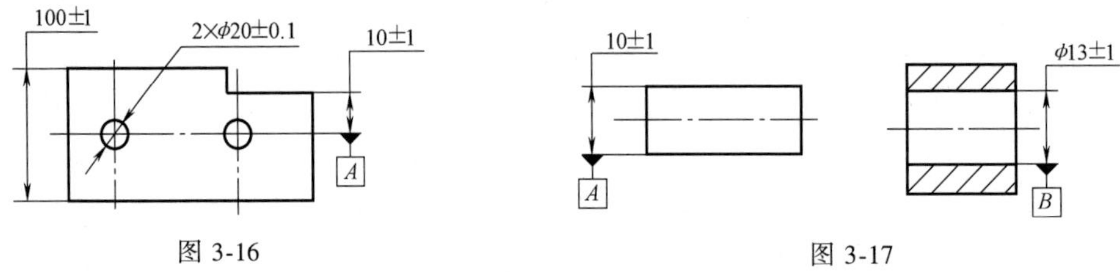

图 3-16　　图 3-17

赵云："好的，我改成图 3-18。测量时可以从两孔连线建基准。"

子谦："这样也不行，基准符号 *A* 是几何公差，也就是第二代公差系统才允许使用，而"10±1"是第一代公差系统，它们之间不能配合使用。"

赵云："哦，我明白了，应该用第一代公差系统的基准符号，修改成图 3-19，行吗？"

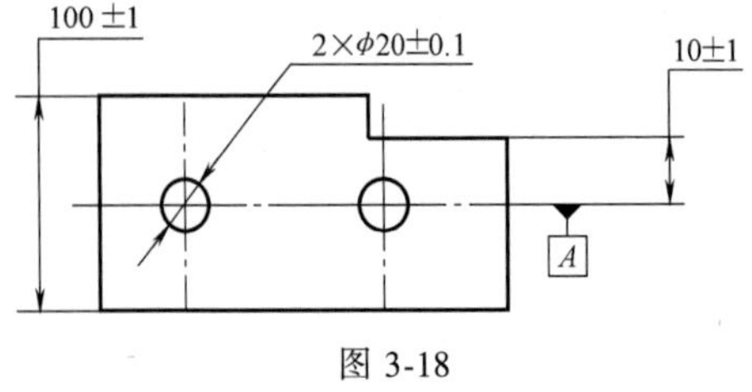

图 3-18

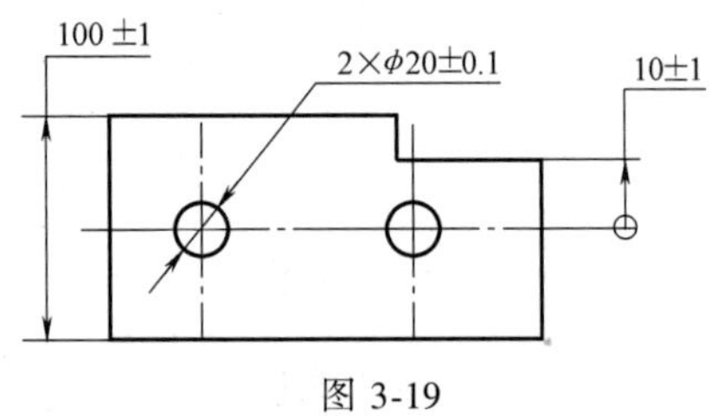

图 3-19

子谦："这样还有个小问题，请问基准在哪里？"

赵云："是 ϕ20±0.1 的 2 个孔呀。"

正好石川经理来到办公桌前，顺便就说了一句："那么，除了理解成 2 个 ϕ (20±0.1)mm 的孔连线之外，还可以理解成"100±1"的中心。"

赵云"对呀，那怎么办呢？"

子谦："我帮你改一下，如图 3-20 所示，你看有没有问题？"

超云："嗯，图 3-20 中面轮廓度的公差带范围可以正好是我想要的。"

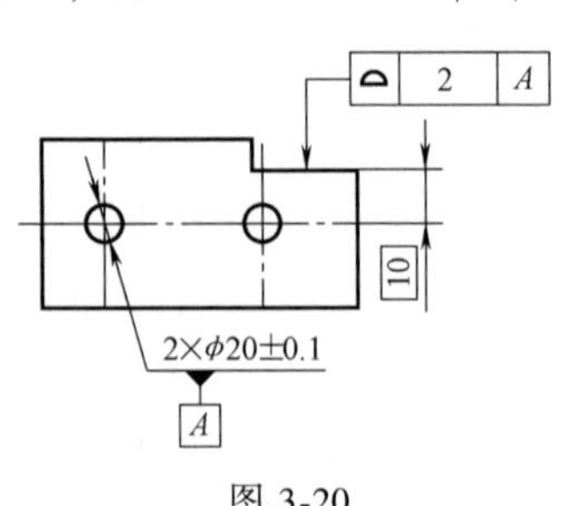

图 3-20

他想了想，又问道："子谦前辈，基准符号标在尺寸线对齐方向表示是这个形体的中心要素作为基准。那么，如果几何公差框格箭头指向尺寸线对齐方向，是否也是指控制这个特征的中心要素呢？"

子谦："太棒了，你会触类旁通了。来看图 3-21，直线度"0.1"就是指零件表面要素，而直线度"ϕ0.2"指圆柱的中心要素。"

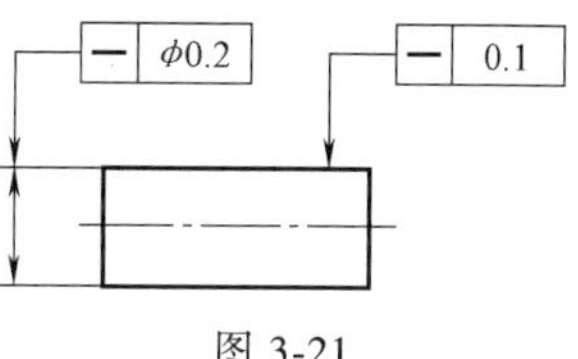

图 3-21

3.3 基准符号

3.3.1 线性尺寸的基准符号

线性尺寸中有两种需要标注基准，即位置尺寸和方向尺寸，如图 1-11 和图 1-16 所示。

3.3.2 几何公差的基准符号

对于基准符号，不同国家、不同标准和不同厂家，其标注会有所不同，如图 3-22 所示。

注意：1）禁止使用 I、O 和 Q 这 3 个字母，并建议不使用 E、F、J、L、M、P、R、X 字母。

2）如果一张图上基准太多，单字母不够用，可以使用双字母和三字母，如 *AA*。

3.3.3 几何公差框格下标注基准符号

此几何公差控制的形体即是建立基准的形体。

例如图 3-23 所示的基准符号。

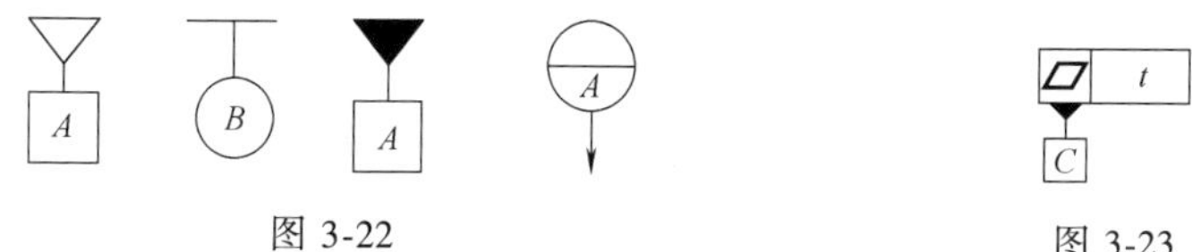

图 3-22

图 3-23

3.3.4 坐标系与基准联合标注

此类标注在 ASME Y14.5—2018 中有详细介绍，如图 3-24 所示。

表达方式：在图样上用 *X*、*Y*、*Z* 这 3 根坐标轴，表达出基准的三维坐标系。

3.3.4 坐标系与基准联合标注

理解如下。

1）标注[⌓|0.4|A|B|C]如图 3-25 所示，基准系是 A、B、C，则 X 轴在右视图的水平方向，Y 轴在右视图的竖直方向，Z 轴在左视图的水平方向。

2）标注[⌓|0.4|A|B|D]如图 3-26 所示，基准系是 A、B、D，则 X 轴在右视图的 45°方向，Y 轴在右视图的 135°方向，Z 轴在左视图的水平方向。

3）标注[⌓|0.4|A|B|E]如图 3-27 所示，基准系是 A、B、E，则 X 轴在右视图的水平方向，Y 轴在右视图的竖直方向，Z 轴在左视图的水平方向。

> **注意：** 如图 3-28 所示，只有一个基准系时，坐标轴符号 X、Y、Z 后面可以不用标注基准系［A，B，C］。

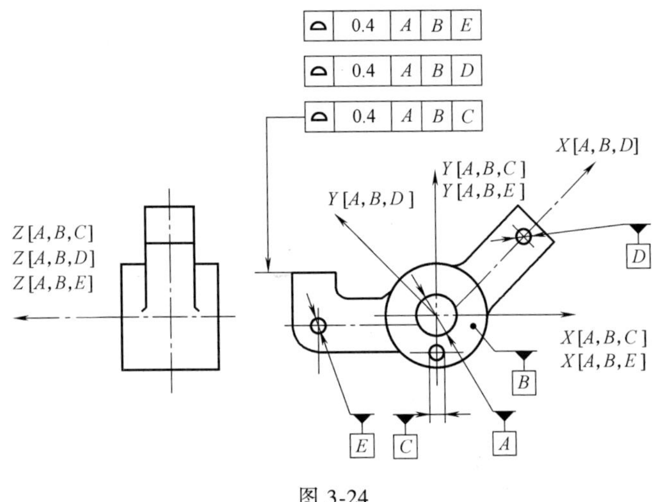

图 3-24

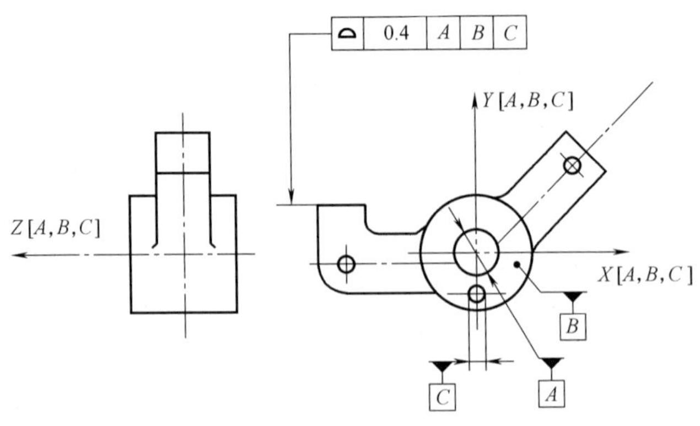

图 3-25

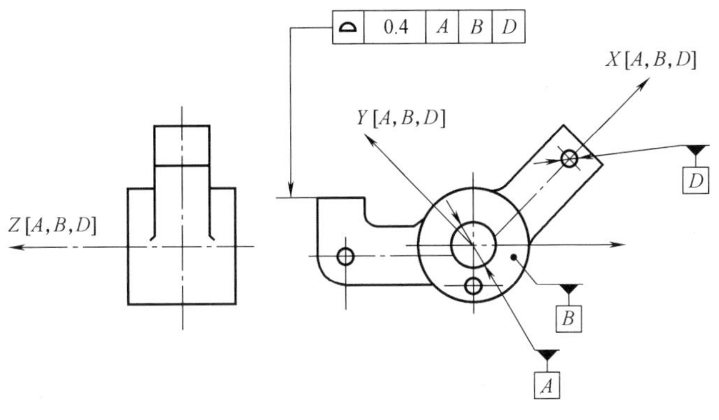

图 3-26

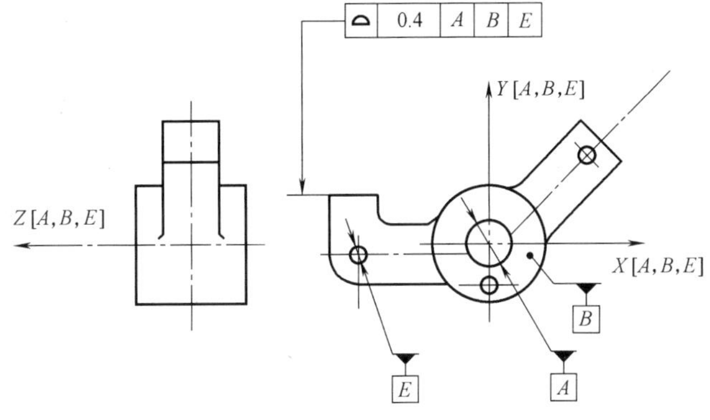

图 3-27

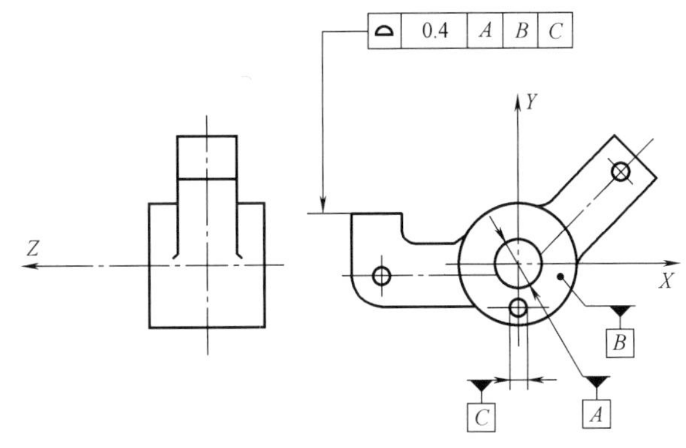

图 3-28

3.3.5 基准限制自由度情况标注

3.3.5 自由度

如图 3-29 所示，几何公差框格中 *A* 基准后缀为 ［*Z*，*U*，*V*］，表示零件在此基准系下受 *A* 基准约束的 3 个自由度是 *Z*，*U*，*V*。

几何公差框格中 *B* 基准后缀为［*X*，*Y*］，表示零件在此基准系下受 *B* 基准约束的两个自由度是 *X*，*Y*。

几何公差框格中 *C* 基准后缀为［*W*］，表示零件在此基准系下受 *C* 基准约束的一个自由度是 *W*。

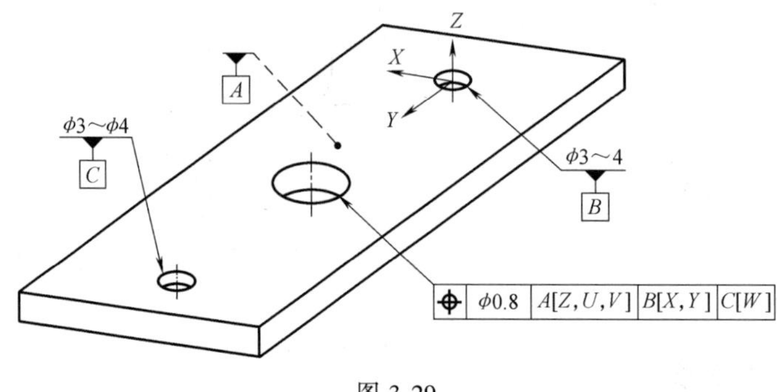

图 3-29

如图 3-30 所示，几何公差框格中 *A* 基准后缀为［*X*，*Y*，*U*，*V*］，表示零件在此基准系下受 *A* 基准约束的 4 个自由度是 *X*、*Y*、*U*、*V*。

几何公差框格中 *B* 基准后缀为［*Z*］，表示零件在此基准系下受 *B* 基准约束的一个自由度是 *Z*。

几何公差框格中 *C* 基准后缀为［*W*］，表示零件在此基准系下受 *C* 基准约束的一个自由度是 *W*。

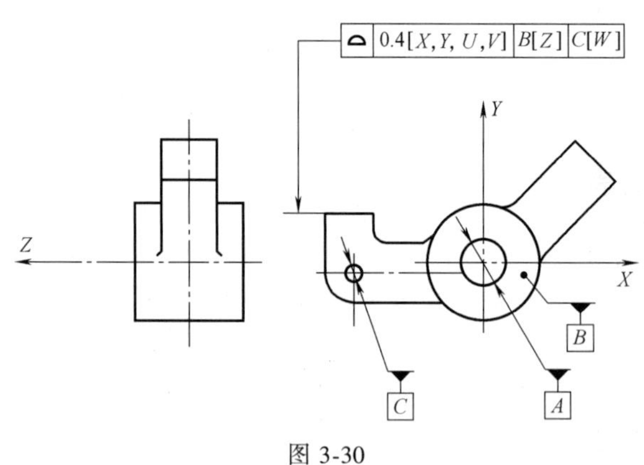

图 3-30

3.4 基准标注与基准形体

基准形体用于建立基准的对象，可以是平面、曲面、线和点，是根据零件的功能（装配、制造工艺等）决定的，并用指定的基准符号表达出来。

3.4.0 基准形体与标注全解

要点：基准符号要标注在唯一明确的形体上。

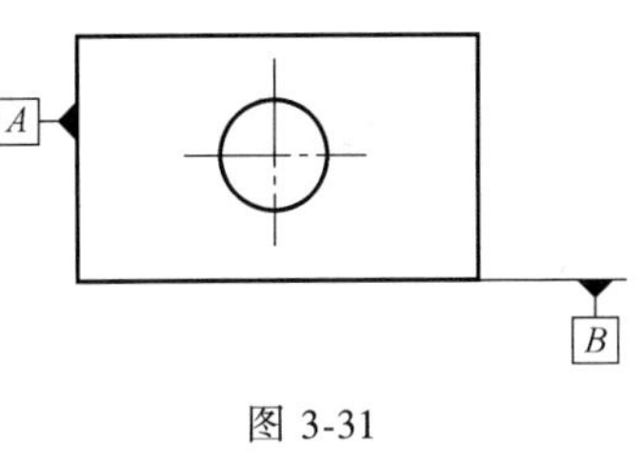

图 3-31

3.4.1　投影线表达基准形体

如图 3-31 所示，基准符号 *A* 标注在左侧投影线上，则用左侧面来建立基准 *A*。基准符号 *B* 标注在底面投影线的延长线上，则用底面来建立基准 *B*。

3.4.2　尺寸线对齐方向标注

基准符号标注在尺寸线对齐方向，表示用中心要素建立基准，如图 3-17 中的基准 *A* 和 *B* 所示。

3.4.3　投影正面表达基准形体

1）投影面作为基准形体时，用一个粗黑点表达。

2）投影正面作为基准形体时，指引线是细实线，如图 3-32a 所示。

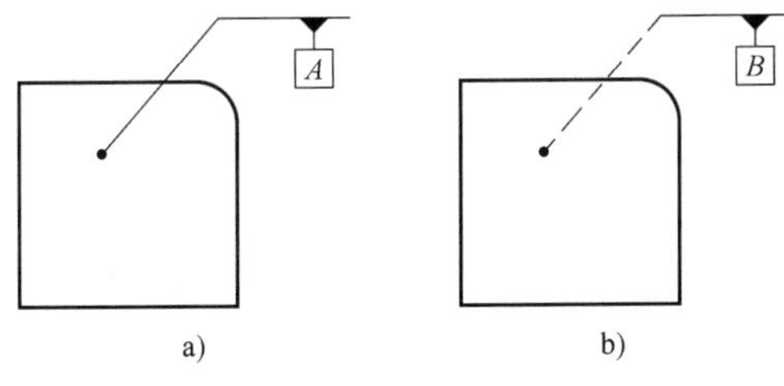

图 3-32

3.4.4　投影背面表达基准形体

1）同 3.4.3 节，用一个粗黑点表达出所在投影面。

2）投影背面作为基准形体时，指引线是细虚线，如图 3-32b 所示。

3.4.5　基准目标：选择部分表面

有两种方法可以表达零件部分表面为基准目标。

方法一：如图 3-33 中基准符号 *B* 所示，如图 3-8 中基准符号 *A* 所示。

要点：用双点画细线和剖面线表达范围，用理论正确尺寸标注位置。

方法二：如图 3-33 中基准符号 *C* 所示。

要点：用点画粗线表达范围，用理论正确尺寸标注位置。

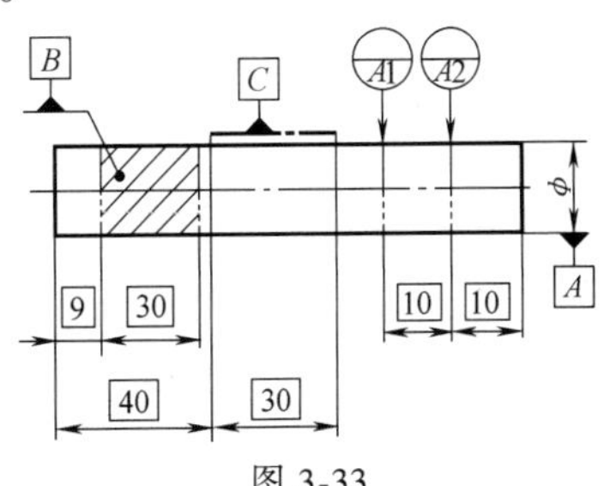

图 3-33

参考标准：GB/T 17851—2010、ASME Y14.5—2018、ISO 5459：2011。

3.4.6 基准目标：线

用双点画细线和符号×表达建立基准的位置，用理论正确尺寸标注位置。

1）如图 3-33 中基准符号 *A*1、*A*2 所示的两个位置的线共同建立基准 *A*。

2）如图 3-8 中基准符号 *B*1、*B*2 所示的两个位置的线共同建立基准 *B*。

参考标准：GB/T 17851—2010、ASME Y14.5—2018（6.3.3.3 节）、ISO 5459：2011。

3.4.7 基准目标：点

用符号×表达建立基准的位置，用理论正确尺寸标注位置。

如图 3-8 中基准符号 *C* 所示位置的点建立基准 *C*。

参考标准：GB/T 17851—2010、ASME Y14.5—2018（6.3.3.2 节）、ISO 5459：2011。

3.4.8 可移动的基准目标

3.4.8 可移动的基准目标

如图 3-34 所示，基准 *C* 是可以移动的基准目标。要点如下：

1）基准目标的位置不固定。

2）符号如图 3-34 中的基准 *C* 所示。

3）当两个及两个以上的移动基准目标联合作为一个基准时，它们要同时移动。

4）基准移动方向：符号的箭头方向就是基准目标的移动方向。

参考标准：GB/T 17851—2010、ASME Y14.5—2018（7.24.2 节）、ISO 5459：2011。

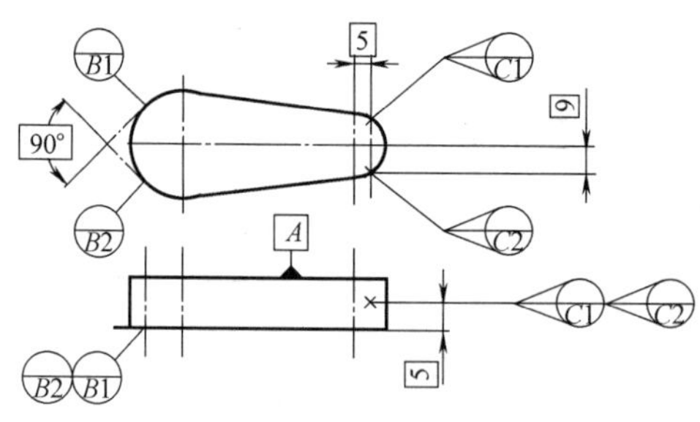

图 3-34

3.4.9 联合基准

3.4.9 联合基准

图 3-35a 中几何公差框格中的基准 *A*—*B* 称为联合基准，也有叫共轴基准的。

应用场景：两端装配定位的轴类零件。

测量思路：一种用三坐标；一种用模拟装配检具。

注意：禁止图 3-35b 中的标注方法，既不符合装配实际情况，测量合格率又极低。

0.4
A—B
A
B
a)
0.4
B
B
b)

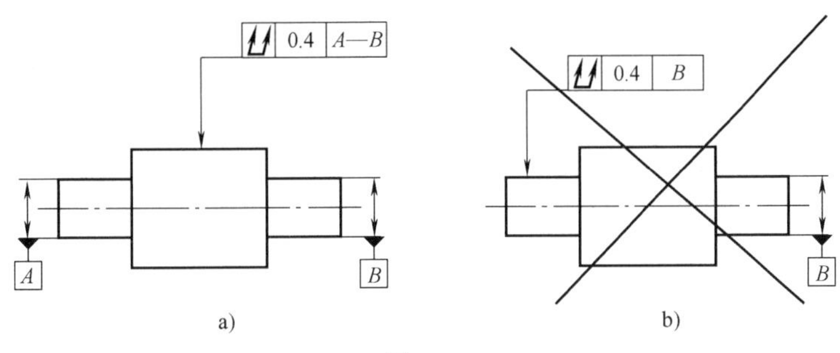

图 3-35

3.5 基准符号的修饰符号

几何公差的基准符号可以用修饰符号来提出补充要求，如图 3-36 所示。

3.5.1 螺纹小径 LD

用于 GB 和 ISO 标准。

如图 3-37 所示，用 M8 的螺纹小径建立基准 *D*。

参考标准：ISO 5459：2011。

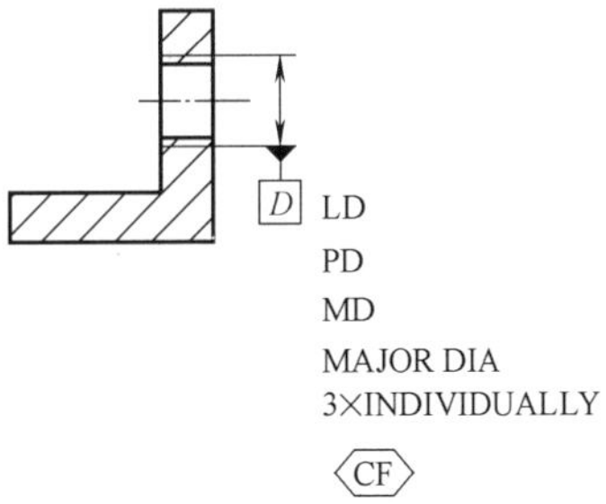

D
LD
PD
MD
MAJOR DIA
3×INDIVIDUALLY
CF

图 3-36

3.5.2 螺纹大径 MD

用于 GB 和 ISO 标准。

如图 3-38 所示，用 M8 的螺纹大径建立基准 *D*。

参考标准：ISO 5459：2011。

3.5.3 螺纹中径 PD

用于 GB 和 ISO 标准。

如图 3-39 所示，用 M8 的螺纹中径建立基准 *D*。

参考标准 ISO：5459：2011。

M8
D
LD

图 3-37

M8
D
MD

图 3-38

M8
D
PD

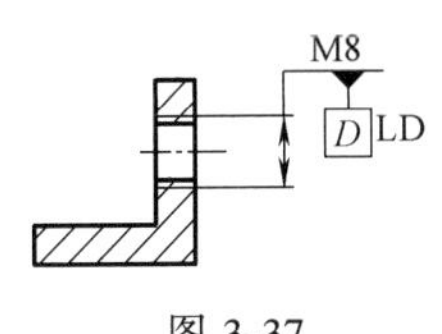

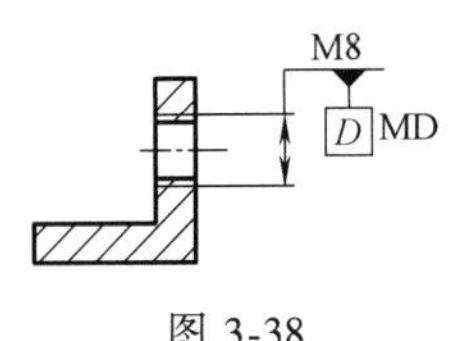

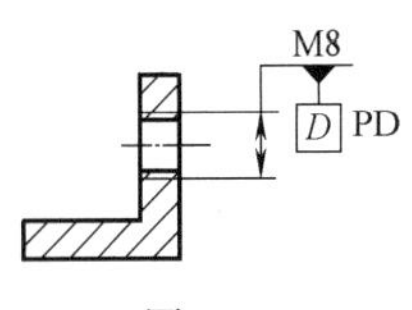

图 3-39

3.5.4 螺纹大径 MAJOR DIA

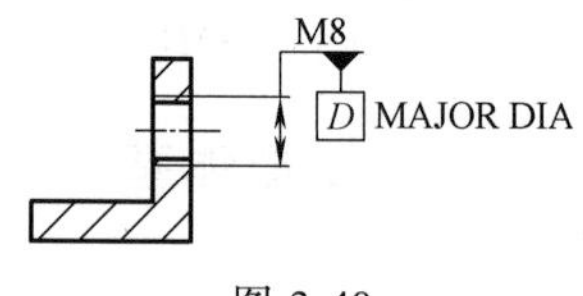

图 3-40

仅用于 ASME 标准。

如图 3-40 所示，用 M8 的螺纹大径建立基准 *D*。

参考标准：ASME Y14.5—2018（5.10 节）。

> **注意**：如果没有标注“MAJOR DIA”和“MINOR DIA”，则表示默认用螺纹中径建立基准。

3.5.5 螺纹小径 MINOR DIA

图 3-41

仅用于 ASME 标准。

如图 3-41 所示，用 M8 的螺纹小径建立基准 *D*。

参考标准：ASME Y14.5—2018（5.10 节）。

> **注意**：如果没有标注“MAJOR DIA”和“MINOR DIA”，则表示默认用螺纹中径建立基准。

3.5.6 成组出现相同基准相同被控形体 INDIVIDUALLY

3.5.6 成组相同基准与被控形体

仅用于 ASME 标准。

如图 3-42 所示，有 3 组结构相同的孔组。每组孔有一个大孔在中心，6 个小孔在四周，而且小孔以大孔为第三基准。为减少标注的工作量，采用如局部视图 *A* 所示的标注“3X INDIVIDUALLY”。

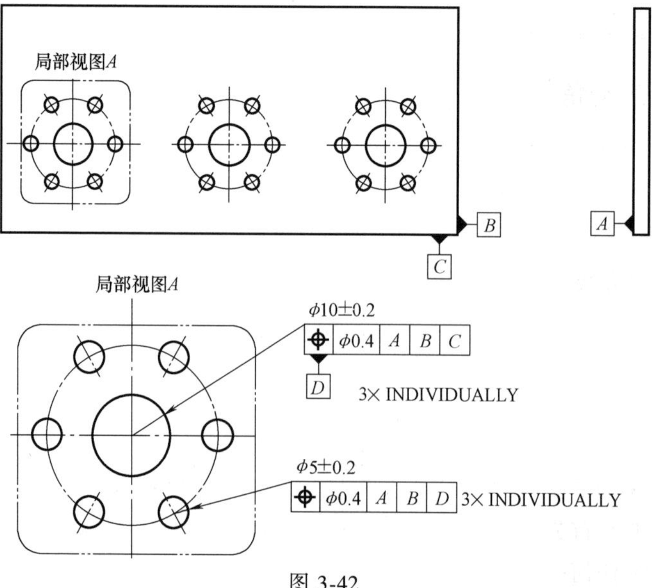

图 3-42

其中“3X”表示相同结构有 3 组。

参考标准：ASME Y14.5—2018（10.4.8 节）。

3.5.7CF 连续形体标注

3.5.7 连续形体基准〈CF〉

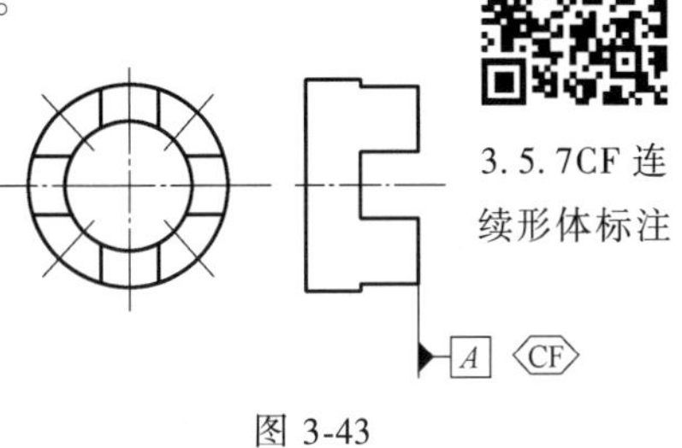

图 3-43

图 3-43 中〈CF〉的要求是：4 个不连续平面为同一个形体（一个平面），同时作为基准 *A*。还可以应用于线性尺寸公差（见 2.3.2 节）。

参考标准：ASME Y14.5—2018（6.3.23 节）。

3.6 理论正确值标注

尺寸线上加方框的数字，用于确定被测形体和要素的理想形状、大小、方向和位置的尺寸。

3.6.1 理论正确尺寸

理论正确尺寸是理想的目标值，公差在几何公差上。

1）用来定义特征的理论正确位置（图 3-15）、大小或真实轮廓（5.1.5 节）。

2）用来定义检具、夹具等信息，如 3.1.3 节、3.4.5 节和 3.4.8 节。

3）用来定义检测信息。例如，图 3-44 中，定义直径的测量点在理论正确尺寸 25mm 处。

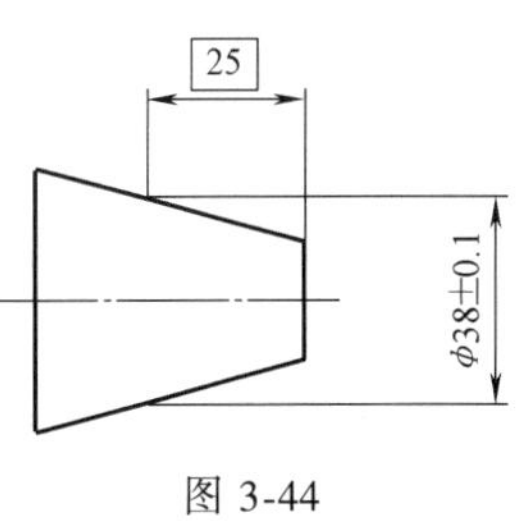

图 3-44

4）理论正确尺寸本身没有公差。

3.6.2 理论正确角度

理论正确角度是理想的方向目标值，公差在几何公差上。

1）用来定义特征的理论正确方向，如 4.3.4 节。

2）用来定义检具、夹具信息，如基准目标。

3）理论正确角度本身没有公差。

思 考 题

3-1 判断题

1）常见的 3 个平面构建的基准系，第一基准是面接触。（ ）

2）第一基准是首先接触的基准，并且每次都控制 3 个自由度。（ ）

3）设计安装任何一个零部件时，应该将其 6 个自由度完全控制。（ ）

3-2　什么是基准？

3-3　什么是基准面？

3-4　基准和基准面是什么关系？

3-5　基准和基准面在测量中有什么不同？

3-6　在机械工程实践中，除了设计基准，还有哪些常用的基准呢？它们之间有什么关系呢？

3-7　测量时，发现图样表达不清晰，无法顺利识别基准时，怎么办呢？

3-8　在机械工程实践中，假如有设计基准、工艺基准、测量基准和装配四种基准，谁决定图样基准呢？

3-9　图 3-8 中 *A*1、*A*2、*A*3 是一个基准还是 3 个基准？

3-10　图 3-8 中 *B*1、*B*2 是一个基准还是两个基准？

3-11　谈谈对题图 3-1、题图 3-2 基准的看法。

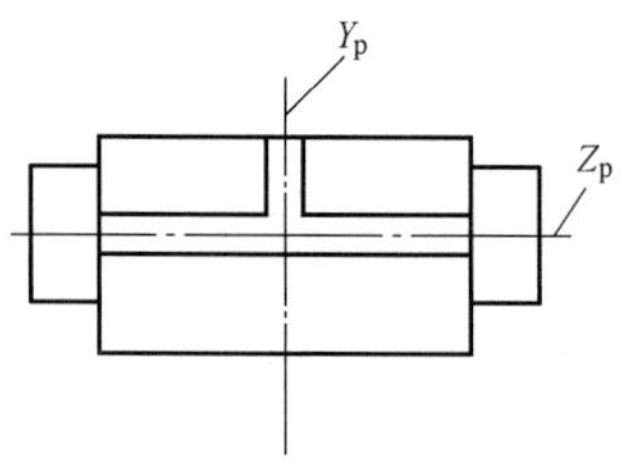

题图 3-1

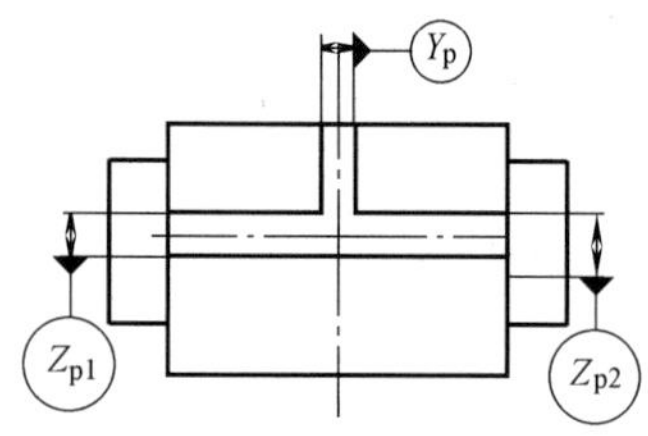

题图 3-2

3-12　题图 3-3 中的标注哪些是正确的？

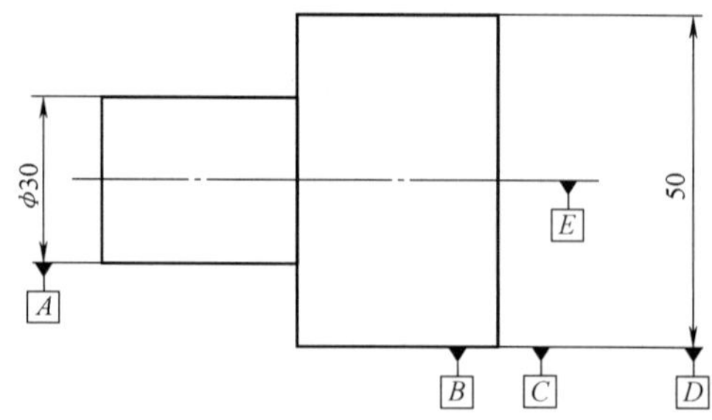

题图 3-3

3-13　讨论题图 3-4 中的测量方法一和方法二有何不同，并请描述下题图 3-4 测量思路。

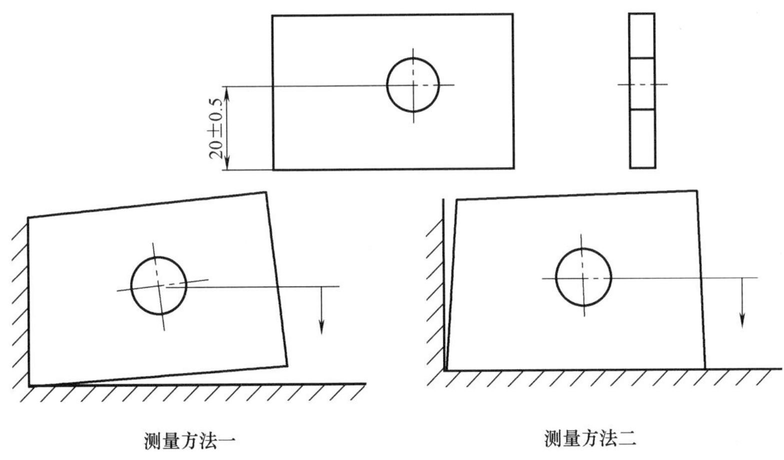

题图 3-4

3-14　题图 3-5 所示为图样，题图 3-6 所示为零件实际情况，请思考：①零件合格吗？②如果测量合格，为什么会出现这种情况呢？

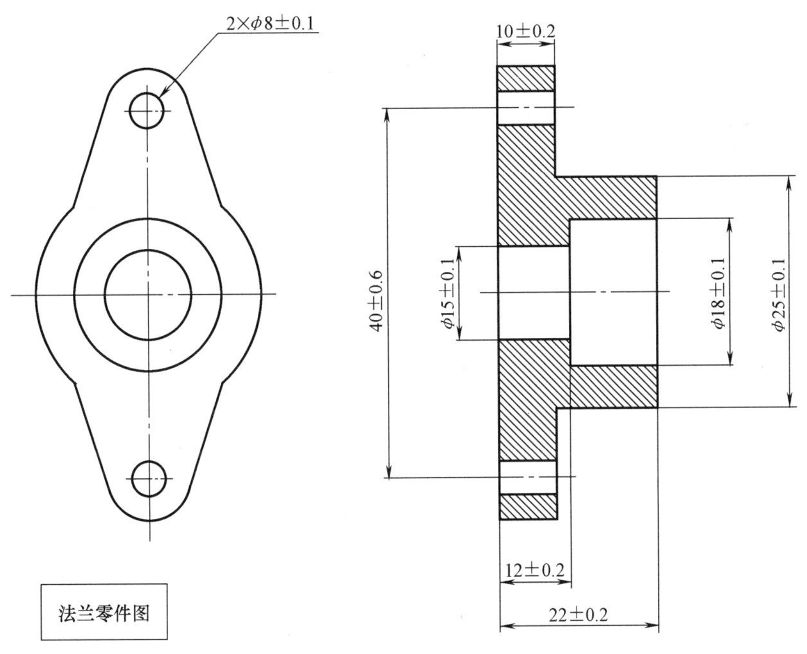

题图 3-5

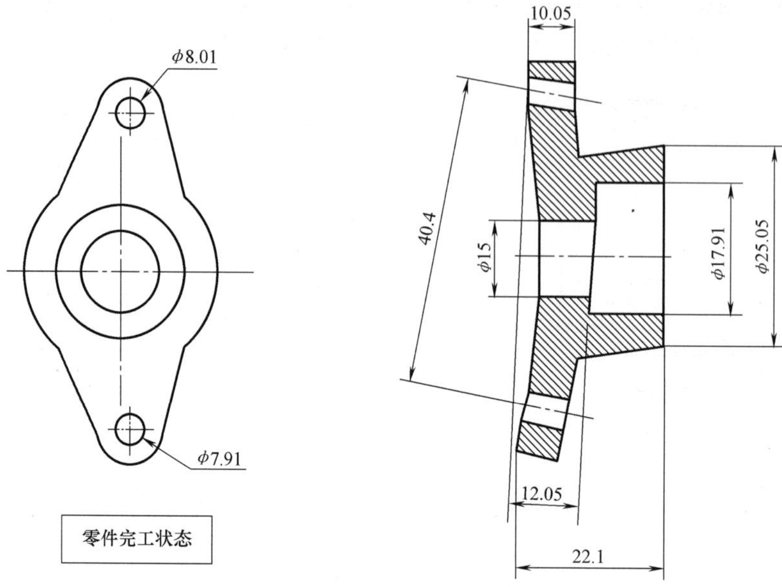

题图 3-6

3-15 题图 3-7 中零件按基准顺序 *A*、*B*、*C* 装配后如题图 3-8 所示，请思考：

1）零件二在装配前有几个自由度？分别是什么？

2）零件二按基准顺序 *A*、*B*、*C* 装配时，第一基准 *A* 与配合件贴合时，消失了几个自由度？第二基准 *B* 与配合件贴合时，消失了几个自由度？第三基准 *C* 与配合件贴合时，消失了几个自由度？请将结果填入题表 3-1 中。

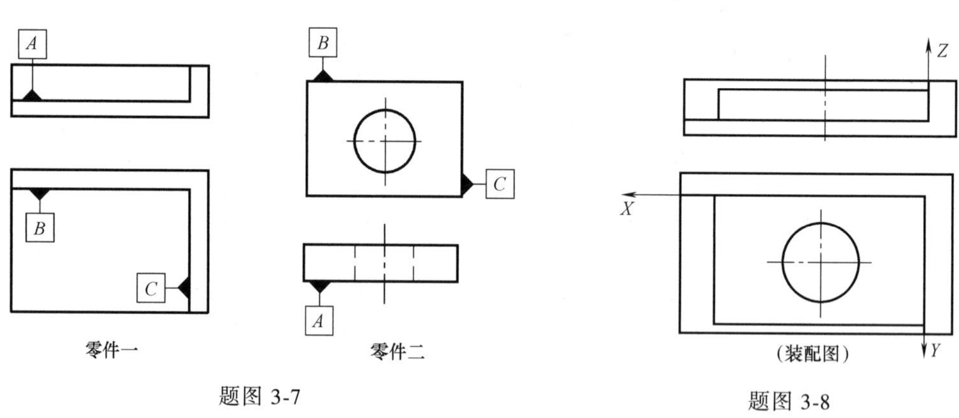

题图 3-7　　题图 3-8

题表 3-1

基准	*X*	*Y*	*Z*	*X* 旋转	*Y* 旋转	*Z* 旋转	消失的自由度
A							
B							
C							

3-16 题图 3-9a、b 所示是零件，题图 3-9c 是装配图。请思考：轴有几个装配基准？每个基准装配后消失几个自由度？请将结果填入题表 3-2 中。

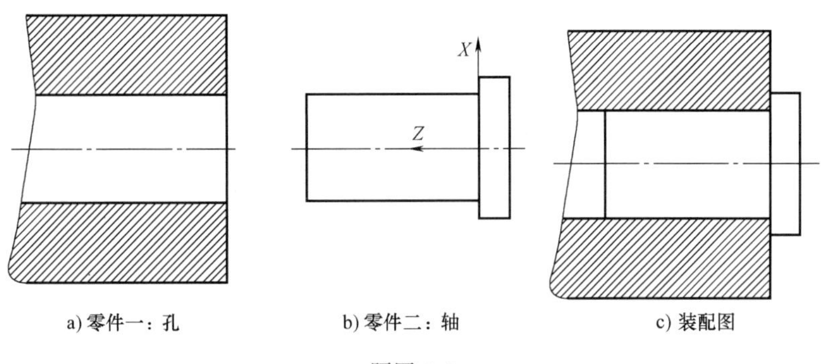

题图 3-9

题表 3-2

基准	*X*	*Y*	*Z*	*X* 旋转	*Y* 旋转	*Z* 旋转	消失的自由度
A							
B							
C							

3-17 题图 3-10 中，*A*、*B*、*C* 基准是相互垂直的，所以理论上建立基准系时 3 个基准面垂直，但实际零件上第二、三基准不可能和第一基准垂直，那么对于建基准系会有什么影响呢？

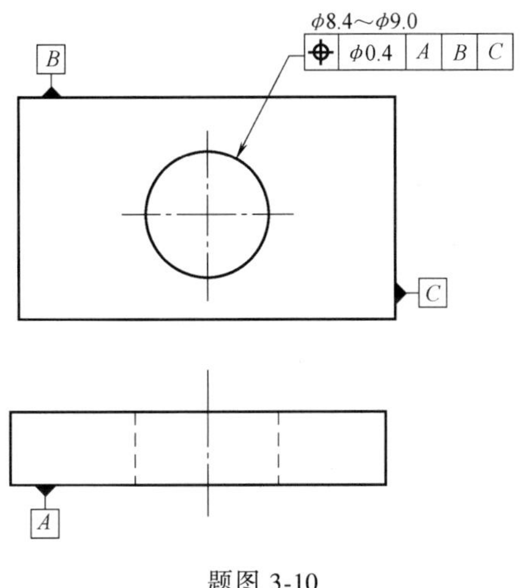

题图 3-10

第4章

几 何 公 差

4.1　几何公差内部逻辑

4.1.1 跳级测量

4.1.1　跳级测量原则

子谦带着新来的大学生天佑到公司熟悉环境。到了实验室，他们看到测量员正在测一个零件（图 4-1）。

子谦说：“天佑，这是在测零件上表面相对下表面的平行度。”

测量员说：“子谦，我在测平面度哦，请看图样（图 4-2）。”

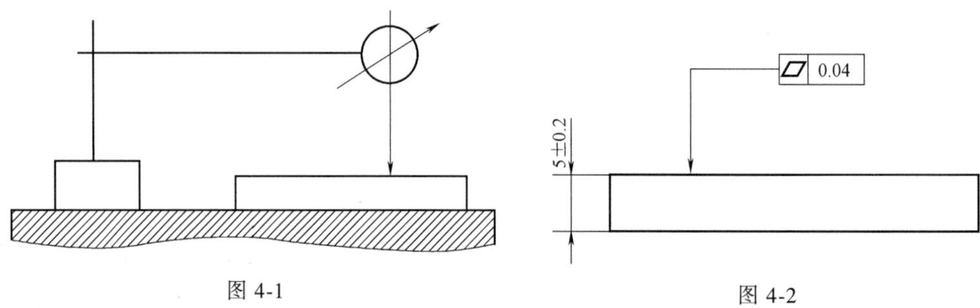

图 4-1　　图 4-2

子谦看到图样后说：“哦，平面度可以这样测吗？这不是把贴在大理石的面作为测量基准吗？”

测量员说：“也对呀，好像的确是在测平行度。”

子谦说：“平行度可以代替平面度测量吗？那如果平行度报告是 0.04mm，平面度合格吗？”

此时，实验室主任来了，解释道：“兄弟们，这叫跳级测量哦。因为几何公差分四类：跳动公差、位置公差、方向公差和形状公差，它们的关系是跳动管控位置、位置管控方向、方向管控形状（图 4-3）。所以，平行度大于平面度，平行度合格，平面度一定合格。”

请复习几何公差的公差带，下面截图 4-3 通过 GB/T 1182—2018 得出。

你知道跳级测量吗？

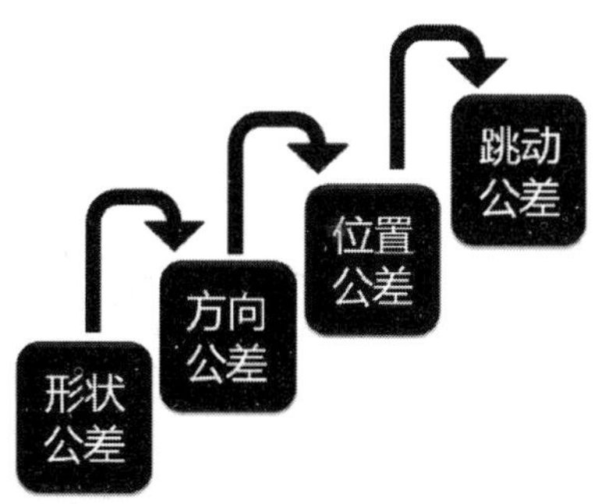

图 4-3

4.1.2　几何公差四大分类

4.1.2 几何公差四大分类

几何公差符号共有 14 个，分为形状公差、方向公差、位置公差和跳动公差四类（表 4-1）。

表 4-1　几何公差符号

公差类型	几何特征	符　号	有无基准
形状公差	直线度	—	无
	平面度	⏥	无
	圆度	○	无
	圆柱度	⌭	无
	线轮廓度	⌒	无
	面轮廓度	⌓	无
方向公差	平行度	//	有
	垂直度	⊥	有
	倾斜度	∠	有
	线轮廓度	⌒	有
	面轮廓度	⌓	有

（续）

公 差 类 型	几 何 特 征	符 号	有 无 基 准
位置公差	位置度	⌖	有或无
	同心度 （用于中心点）	◎	有
	同轴度 （用于轴线）	◎	有
	对称度	⌯	有
	线轮廓度	⌒	有
	面轮廓度	⌓	有
跳动公差	圆跳动	↗	有
	全跳动	⌰	有

4.1.3 四类公差的逻辑关系

4.1.3 几何公差间逻辑关系

躺在宿舍的子谦进入了梦乡，梦里又见到了火星来的测量员同事，他正在测一张桌子是否合格。这次他把桌腿放在大理石平台上，用三坐标测量机测桌子表面。几分钟后，三坐标测量机将桌面的测量点模拟出一条曲线（图 4-4），火星的同事在曲线上画出了几条平行线（图 4-5），这几条线引起了子谦的好奇。

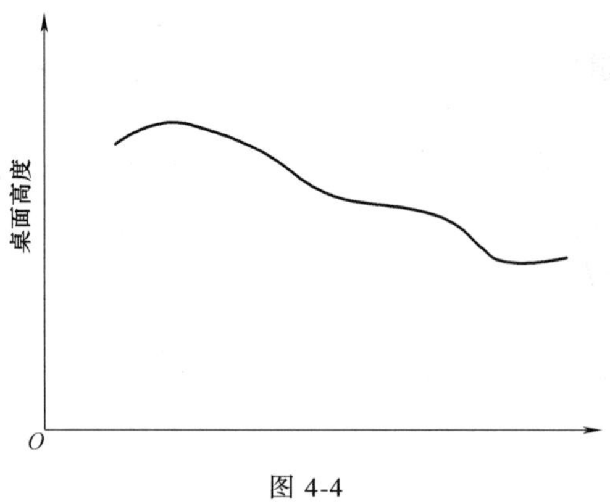

图 4-4

火星同事解释道：“两水平虚线间距离 t_2 是相对于地面的平行度值。两倾斜虚线间的距离 t_1 是平面度值。”

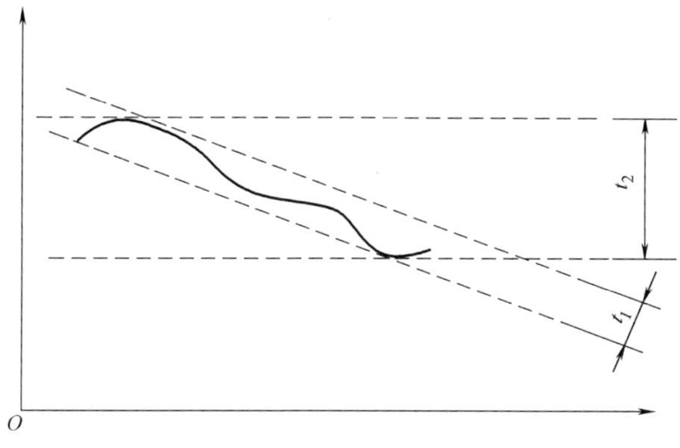

图 4-5

子谦："如果桌面沿逆时针方向旋转摆正（图 4-6），则平行度和平面度正好相等，如果桌面稍斜一点，平行度值上升，而平面度值不变，对吗？"

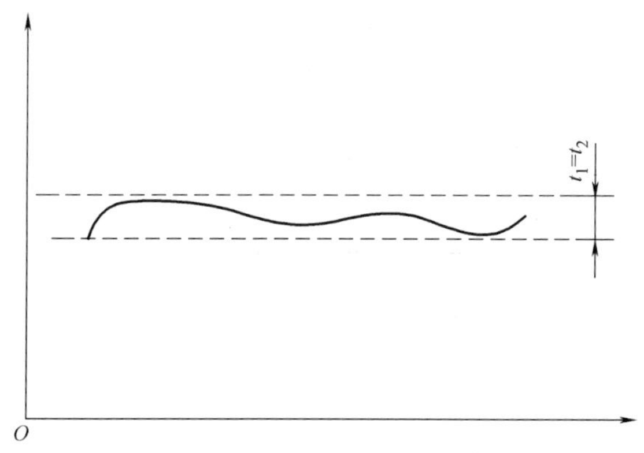

图 4-6

火星同事："有道理，但没人这样想过，这样想有什么意义呢？"

子谦："意义很大，当桌面平行度报告值为 1mm 时，平面度必然小于或等于 1mm。也就是说，如果对桌面提出 1mm 的平行度要求，那么实际上也控制了桌面的平面度在 1mm 以内。"

子谦说完画了个表 4-2。

表 4-2 平行度与平面度 （单位：mm）

符号	公差	管控平行度	管控平面度
//	1	1	1
▱	1	NA	1

这时火星同事拿出一张表来，说：“我师父给了我一张类似的表（表 4-3），我没看懂。”

表 4-3 几何公差间的关系

公差类型	控制跳动	控制位置	控制方向	控制形状
跳动公差	√	√	√	√
位置公差	×	√	√	√
方向公差	×	×	√	√
形状公差	×	×	×	√

子谦看到这张表，茅塞顿开，说：“如果我们对桌面高度要求是在 100~110mm 之间，桌面的平行度就不可能超过 10mm，同时桌面的平面度也不会超过 10mm。”然后他兴冲冲地拿着这张表准备去找天佑时，梦醒了。

子谦迷迷糊糊地思索：“那跳动呢？跳动是如何控制位置、方向和形状的呢？”想着想着又进入梦乡。回到大学校园，见哲波老师正在指导大家做毕业设计，子谦微笑着说道：“同学们，几何公差不知道标什么时，请标跳动，因为跳动对形状、位置、方向都能管控……”

在哲波老师风趣的话语中，下课铃响了，天也亮了，原来是起床闹铃响了。翻开大学的笔记本，4 个经典图形出现在眼前（图 4-7~图 4-10）。

子谦立刻复习了一下所有几何公差的公差带。

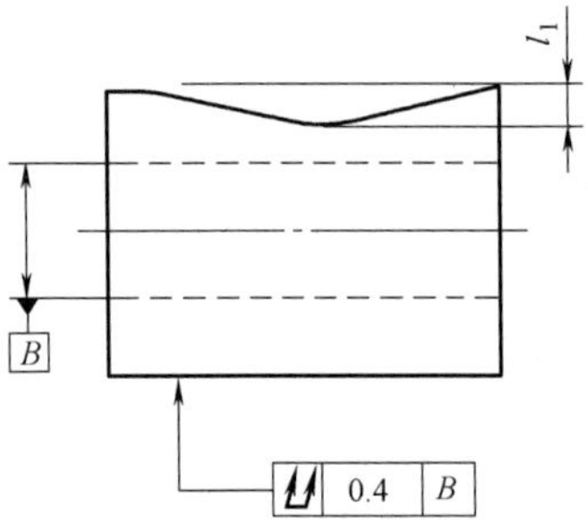

l_1 B 0.4 B

图 4-7

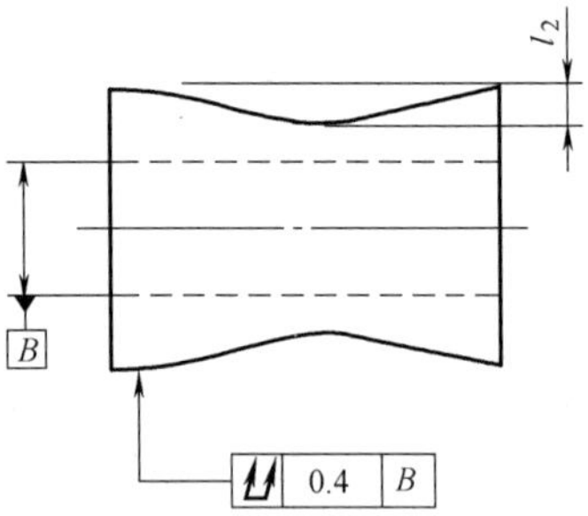

l_2 B 0.4 B

图 4-8

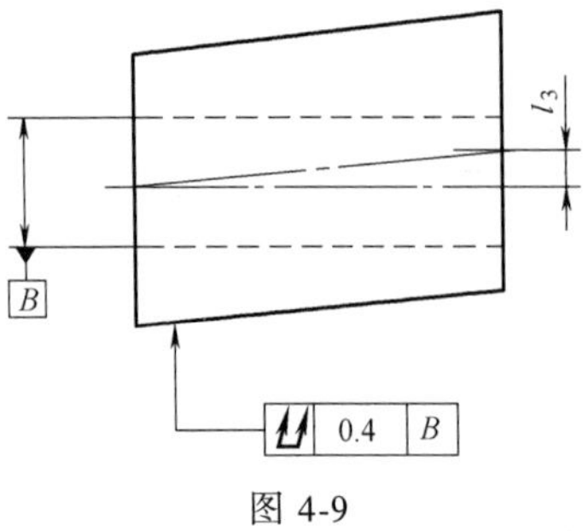

l_3 B 0.4 B

图 4-9

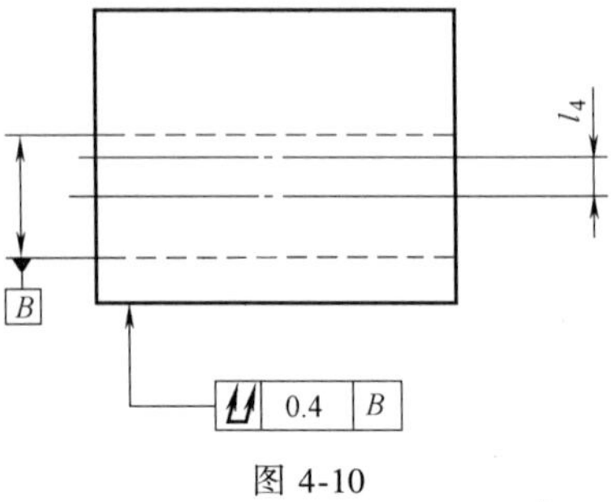

l_4 B 0.4 B

图 4-10

4.2　形状公差

形状公差是指单一实际要素的形状所允许的变动量。形状公差包括直线度、平面度、圆度、圆柱度等。

4.2.1　平面度

4.2.1 平面度定义和测量思路

控制要素（对象）：必须是平面，可以是实体表面或中心面（图 4-11）。

应用场景：定义要素自身凹凸不平的形状误差范围，无参考基准。

应用功能：避免要素的最高、最低点之间的形状误差导致功能失效，如装配面间隙。

公差带：用两个距离为公差值的平行平面，将要素所有点控制在两平面范围之内。

误差值：两平行平面把实际要素挤压到最狭窄的范围之内时的距离值。

> **注意：** ASME 标准要求，控制实体表面要素时默认实体遵守包容要求；控制实体中心要素时放弃包容要求。

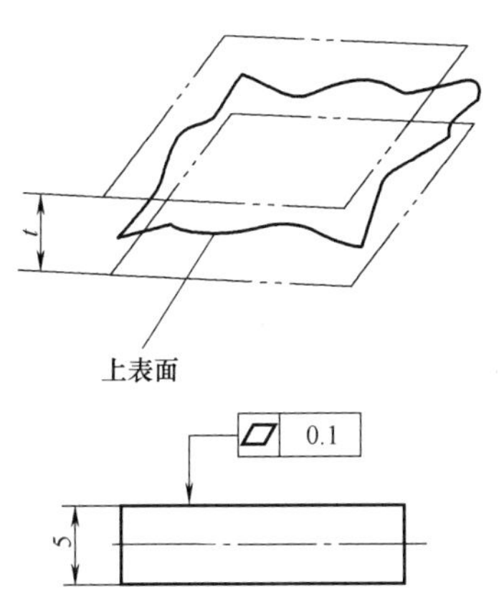

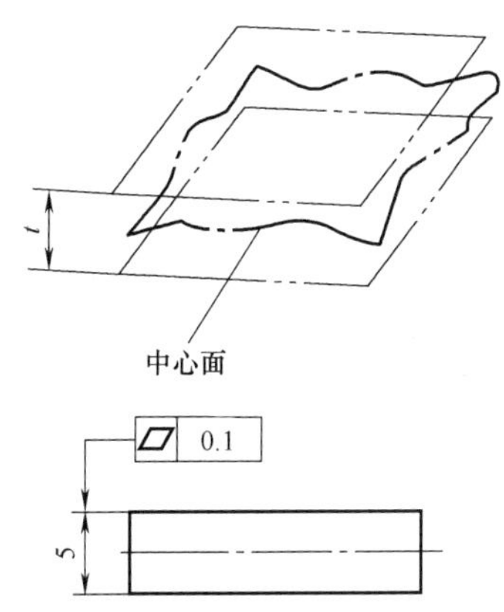

图 4-11

平面度测量思路：被测表面上的三个最高点组成第一个平面，第二个平面是偏离第一平面最远的点，两平面间公差值距离为报告值。

具体检测方法：把零件表面放在一个有孔的标准平面上，作为第一平面；把百分表安装进孔里，表头划过零件整个表面，则最大测量值是报告值，就是被测表面最远的点与第一平面的距离。

4.2.2 直线度

4.2.2 直线度定义和测量思路

控制要素（对象）：必须是直线，可以是实体表面要素或中心要素（图 4-12）。

应用场景：定义要素自身高低波动不平的形状误差范围，无参考基准。

应用功能：避免要素的最高、最低点之间的形状误差导致功能失效，如减少装配接触点。

公差带：用两条距离为公差值的平行直线，将要素所有点控制在两直线范围之内。

误差值：两平行直线把实际要素挤压到最狭窄的范围之内时两直线间的距离值。

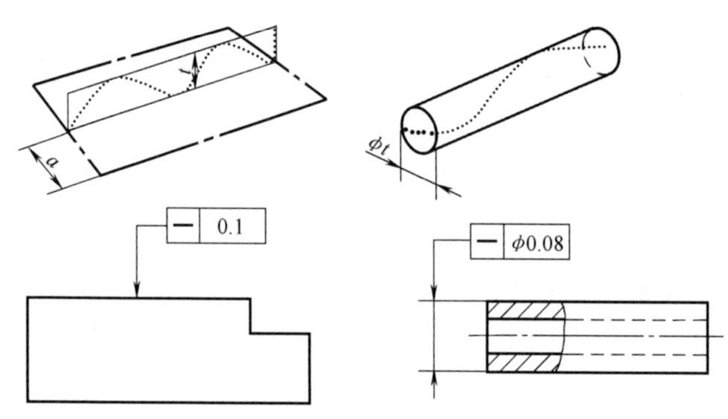

图 4-12

直线度测量思路：被测表面的素线上两个最高点组成第一直线，第二直线是偏离第一直线最远的点，两直线间公差值距离为报告值。

具体检测方法：把被测表面放在一个标准平面或直线上，作为第一条线；取一根直径等于直线度公差值的金属丝，如果金属丝插不进零件和标准平面或直线的缝隙，说明直线度误差小于公差要求；反之大于公差要求。

4.2.3 圆度

4.2.3 圆度圆柱度定义和测量思路

控制要素（对象）：必须是圆柱表面、圆锥表面或球表面（图 4-13）。

应用场景：定义要素自身凹凸不平的形状误差范围，无参考基准。

应用功能：避免要素的最高、最低点之间的形状误差导致功能失效。

公差带：中心轴线上建立一个垂直的横截面，横截面与零件表面形成一个相交圆，提取相交圆的点并拟合圆心，以此圆心建立两个距离为公差值的同心圆，同心圆将相交圆上所有点控制在两圆之间。

误差值：两同心圆把实际要素挤压到最狭窄的范围之间时两圆的半径差值。

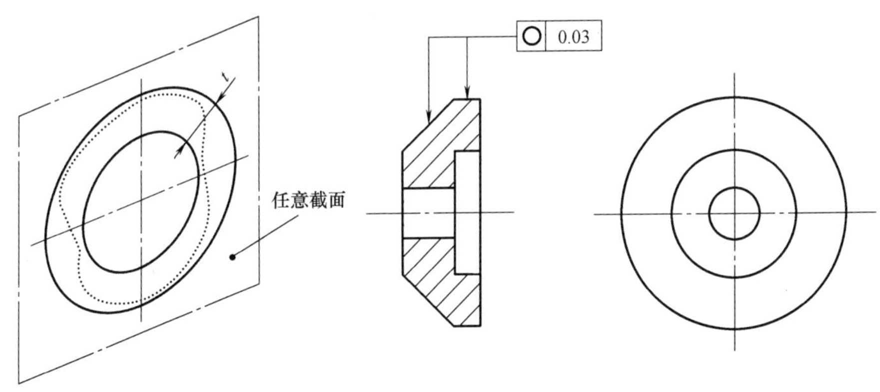

图 4-13

圆度、圆柱度测量方法：用百分表、圆度仪等测量。

4.2.4　圆柱度

控制要素（对象）：必须是圆柱表面（图 4-14）。

应用场景：定义要素自身凹凸不平的形状误差范围，无参考基准。

应用功能：避免要素的最高、最低点之间的形状误差导致功能失效。

公差带：实际圆柱表面拟合出中心轴线，并以此轴线建立两个距离为公差值的同轴圆柱，同轴圆柱将实际圆柱表面上所有点控制在两圆柱之内。

误差值：两同轴圆柱把实际要素挤压到最狭窄的范围之间时两圆柱的半径差。

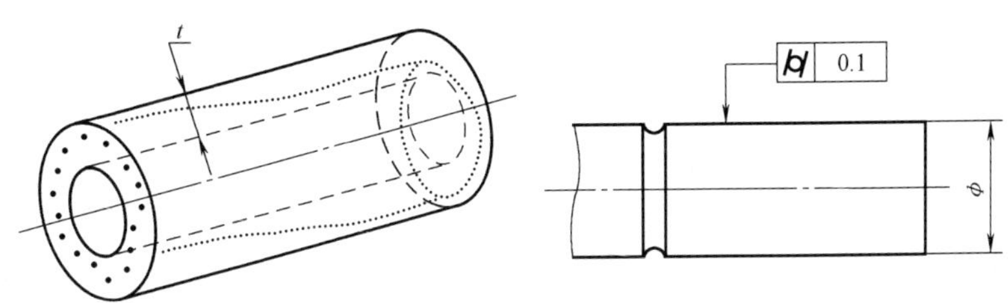

图 4-14

4.2.5　圆柱度是否可以控制圆度

4.2.5 圆柱度控制圆度和直线度

子谦拿起国家标准 GB/T 1182—2018，正在研究平行度与平面度之间的关系时，实验室主任强哥看出了子谦正在困惑中。

强哥：“子谦，你还没入门呀，需要我指点迷津吗？”

子谦：“需要，当然需要，太感谢了！”

强哥："请问圆柱度可以控制圆度吗？可以控制直线度吗？"

子谦思索半晌，咕哝道："好问题，圆柱度可以控制圆度？它们不是两个不同符号吗？"

于是，子谦立刻翻开国家标准，找到圆柱度的公差带，仔细思考后说："好像可以，等我画个图（图 4-15）看一下。"

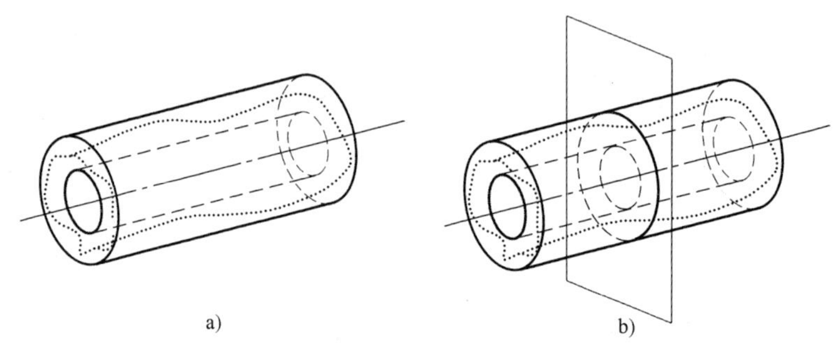

图 4-15

图 4-15a 所示为圆柱度的公差带，子谦在图 4-15b 上画出一个垂直的平面，此平面与圆柱度的公差带（两个同轴圆柱）形成了两个同心截圆，这两个截圆正好是圆度公差带。

子谦："强哥，截圆正好是圆度公差带。"

4.2.6 圆柱度是否可以控制直线度

子谦："强哥，那么我要画一个通过轴心的平面（图 4-16）不就可以说明圆柱度还可以控制直线度吗？"

强哥："你挺厉害呀！再问个问题，以此类推，平面度能管控直线度吗？"

4.2.7 平面度是否可以控制直线度

子谦："当然能，我画给你看（图 4-17），就像切菜一样简单，哈哈。圆柱度

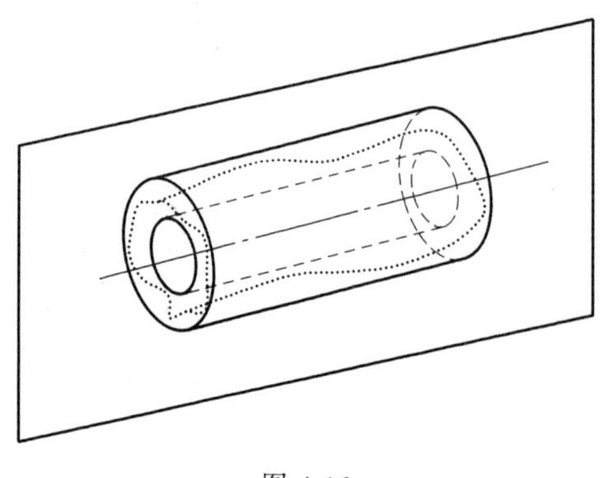

图 4-16

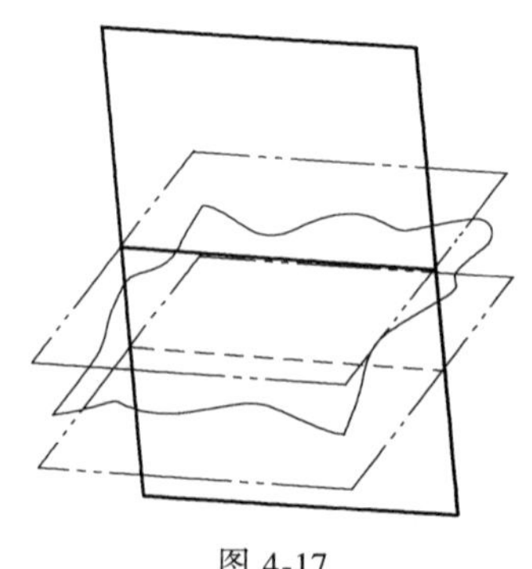

图 4-17

公差带当萝卜，横着切管圆度，竖着切管直线度。平面度公差带当豆腐干，竖着切出的是直线度。”

4.3　方向公差

方向公差包括垂直度、平行度、倾斜度等，用于评价直线之间、平面之间或直线与平面之间的方向关系。其公差带的性质如下。

1）被控对象为平面时，公差带在间距为 t 的两平行平面间，两平行平面相对于基准为垂直、平行或某倾斜角度关系。

2）被控对象为中心要素时，公差带在直径为 t 的理论圆柱内，理论圆柱相对于基准为垂直、平行或某倾斜角度关系。

4.3.1　平行度

4.3.1 平行度定义和测量思路

控制要素（对象）：可以是实体表面要素或中心要素（图 4-18）。

应用场景：定义要素的方向，即相对于理论正确方向的允许变动范围。理论正确方向由基准系决定（基准系见 3.2.2 节）。

应用功能：避免要素的方向误差导致功能失效。

公差带：用两个距离为公差值的平行平面平行于理论正确方向，将要素所有点控制在两平面之间。

误差值：两平面把实际要素挤压到最狭窄时的距离值。

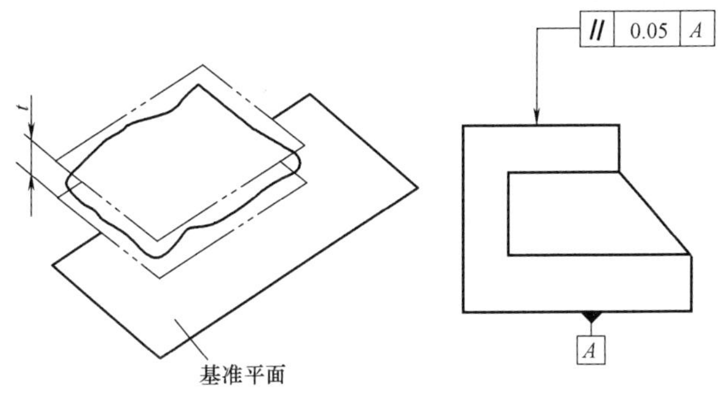

图 4-18

4.3.2　垂直度

4.3.2 垂直度定义和测量思路

控制要素（对象）：可以是实体表面要素或中心要素（图 4-19）。

应用场景：定义要素的方向，即相对于理论正确方向的允许变动范围。理论正确方向由基准系决定（基准系见 3.2.2 节）。

应用功能：避免要素的方向误差导致功能失效。

公差带：用两个平行平面垂直于理论正确方向，将要素所有点挤压在最狭窄的范围之内。

误差值：最狭窄的两平行平面之间距离 t 值。

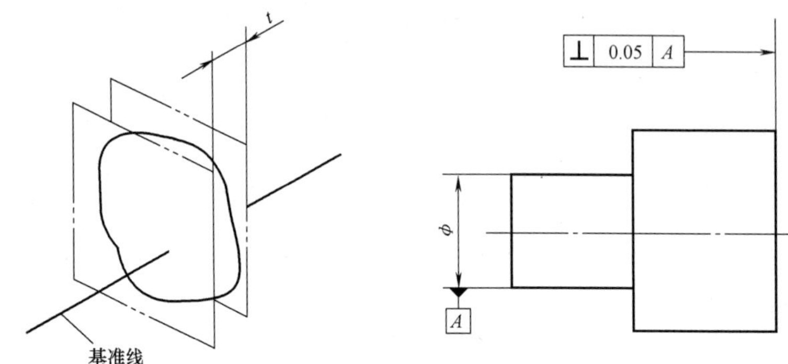

图 4-19

4.3.3 倾斜度

4.3.3 倾斜度定义和测量思路

控制要素（对象）：可以是实体表面要素或中心要素（图 4-20）。

应用场景：定义要素的方向，即相对于理论正确方向的允许变动范围。理论正确方向由基准系和理论正确角度决定（基准系见 3.2.2 节）。

应用功能：避免要素的方向误差导致功能失效。

公差带：用两个距离为公差值的平行平面，与理论正确方向保持理论正确角度，将要素所有点控制在两平面之间。

误差值：两平面把实际要素挤压到最狭窄时的距离值。

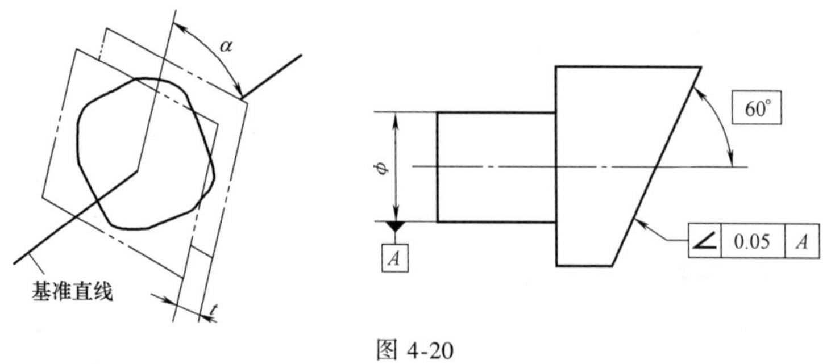

图 4-20

4.3.4 深度理解方向公差

赵云在公司发现一张图样（图 4-21），基准和被控特征之间明明是平行关系，但标注的是倾斜度，于是去问子谦。

子谦：“这种用法经常看到。我们可以这样理解，平行度和垂直度是倾斜度的特例。”

赵云：“子谦兄，可以讲详细一点吗？”

子谦：“我们来看这张图（图 4-22），图中被控对象与基准成一定角度时，我们会用倾斜度约束被控特征的方向要求。如果角度增加到 90°（图 4-23）时，则表示是垂直关系。”

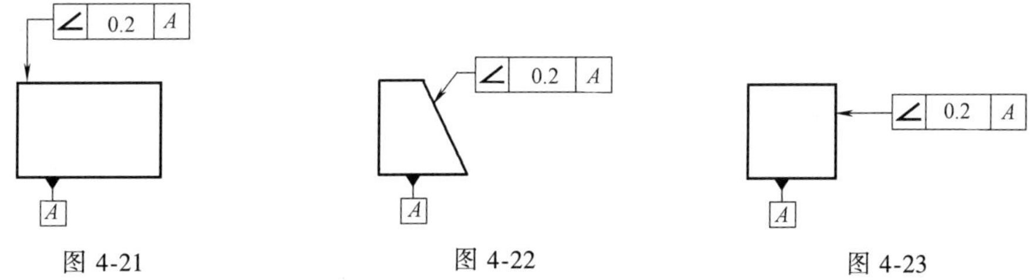

图 4-21　　图 4-22　　图 4-23

赵云：哦，我明白了，对被控对象提出方向控制时，可以直接用倾斜度；如果与基准的关系是垂直的，那就可以理解为垂直度；如果与基准是平行的，那么就理解为平行度。”

子谦：“太棒了，再问你两个问题。第一，图样上标注的两根直线（或者实线、虚线、点画线）看起来垂直，但没标角度，则这两根线是什么关系？”

赵云：“垂直关系。以此类推，看起来是平行的直线是平行关系。”

子谦：“对，第二个问题，请将这 3 个图（图 4-21～图 4-23）的公差带画出来，并标出公差带宽和单位。”

赵云：“完成了（图 4-24），我还发现有些图样上倾斜度公差值后面加了度（单位），这种情况是不对的。”

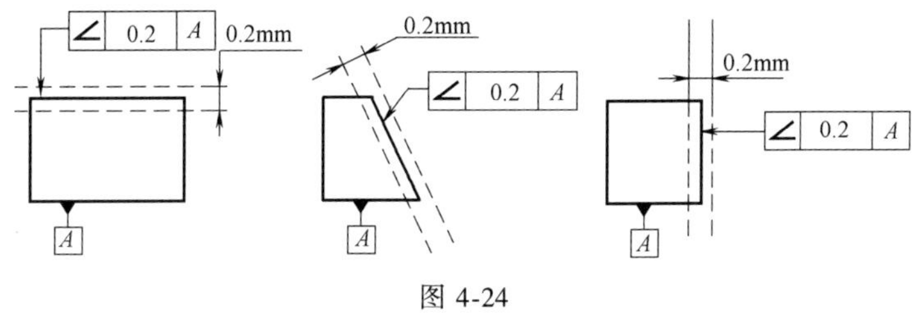

图 4-24

上面 3 个图形解释了被控对象为平面时的公差带，请在 GB/T 1182—2018 中找被控对象为中心要素时的公差带。

4.4　位置公差

位置公差包括位置度、同心度、同轴度、对称度、面轮廓度和线轮廓度，用于评价实体中心要素和实体表面要素与基准之间的位置关系，通常配合理论正确尺寸使用。

位置公差测量：三坐标、位置度检具（GB/T 1182—2018 中叫综合检具）、轮廓度检具（仿形）。

4.4.1 位置度

4.4.1 位置度定义和测量思路

控制要素（对象）：

1）ASME 定义必须是实体中心要素（线或面）（图 4-25）。

2）GB 和 ISO 定义可以是实体中心要素，也可以是表面要素（仅平面和直线）。

应用场景：定义要素的位置，即相对于理论正确位置的允许变动范围。理论正确位置由基准系和理论正确尺寸决定（基准系见 3.2.2 节）。

应用功能：避免受控要素位置误差引起功能失效，如装配。

公差带：

1）提取要素为线，包括孔和轴中心线。一个完美的圆柱，以理论正确位置为中心线，将要素所有点控制在圆柱之内。

2）提取要素为面，包括实体表面平面、板和槽中心线。用两个平行平面，以理论正确位置为中心面，将要素所有点控制在圆柱之内。

误差值：把实际要素挤压在最狭窄的圆柱式平面之间时，圆柱直径或平面的距离值。

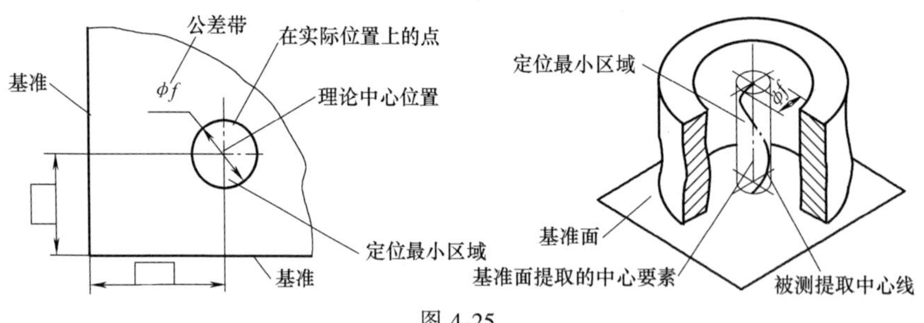

图 4-25

4.4.2 同轴度

4.4.2 同轴度定义和测量思路

控制要素（对象）：必须是孔或轴的中心要素（图 4-26）。

应用场景：定义要素相对于理论正确轴线的允许变动范围。理论正确轴线由基准系决定（基准系见 3.2.2 节）。

应用功能：避免受控要素位置误差引起功能失效，如装配。

公差带：一个完美的圆柱，以理论正确轴线为中心线，将要素所有点控制在圆柱之内。

误差值：把实际要素挤压在最狭窄的圆柱之内时，圆柱的直径值。

注意：同轴度在 ASME Y14.5—2018 版中被删除。

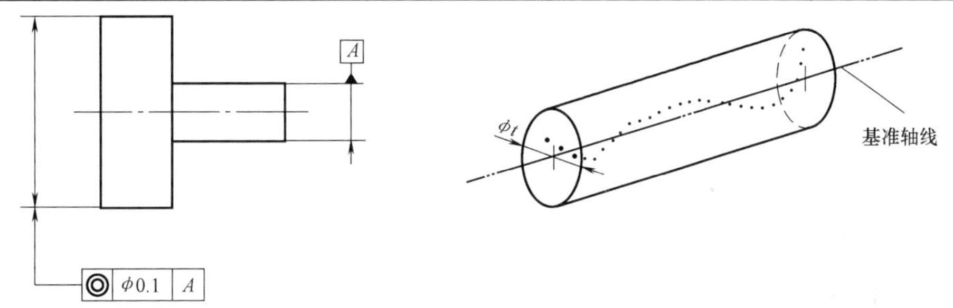

图 4-26

4.4.3 对称度定义和测量思路

4.4.3 对称度

控制要素（对象）：必须是板或槽类实体中心要素（图 4-27）。

应用场景：定义要素的位置，即相对于理论正确位置的允许变动范围。理论正确位置由基准系和理论正确尺寸决定（基准系见 3.2.2 节）。

应用功能：避免受控要素位置误差引起功能失效，如装配。

公差带：两个平行平面，以理论正确位置为中心面，将要素所有点控制在两平面之间。

误差值：把实际要素挤压到最狭窄的两平面之间时，两平面的距离值。

注意：对称度在 ASME Y14.5—2018 版中被删除。

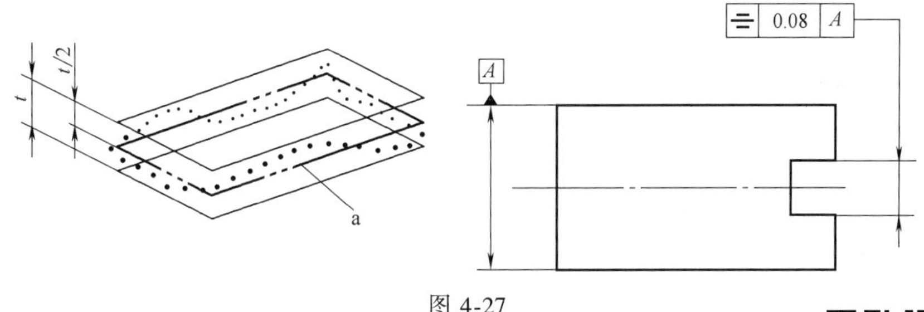

图 4-27

4.4.4 位置度代替对称度和同轴度

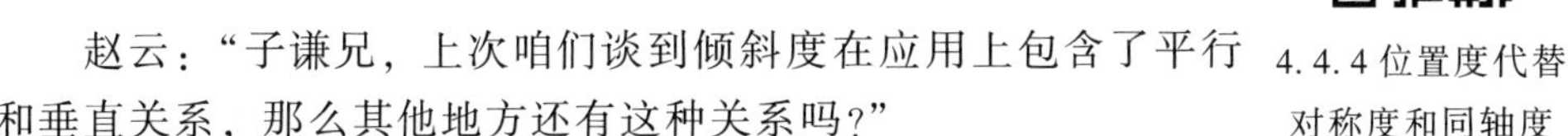

4.4.4 位置度代替对称度和同轴度

赵云："子谦兄，上次咱们谈到倾斜度在应用上包含了平行和垂直关系，那么其他地方还有这种关系吗？"

子谦："让我想一下哈，位置等级的公差也有这样的关系。对称度和同轴度是位置度的一个特例。而且 ASME Y14.5—2018 版标准中就把对称度和同轴度删除了。"

赵云："能解释一下吗？"

子谦："第一，图 4-28 中法兰上有 4 个孔。我们对这 4 个孔的位置要求可以用位置度，对吗？"

赵云："对呀。"

子谦："那么，图 4-29 中只有两个孔，可以用位置度吗？"

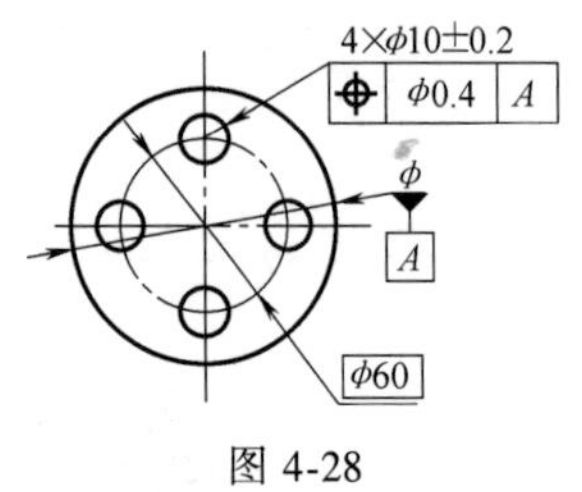

图 4-28

图 4-29

赵云："对呀，可以。"

子谦："那么再少一个孔，于图 4-30 中，可以用位置度吗？"

赵云："好像也可以。"

子谦："如果理论正确尺寸 "30" 变成 "0" 时，是什么结构？"

赵云："那不就是同轴关系（图 4-31）吗？"

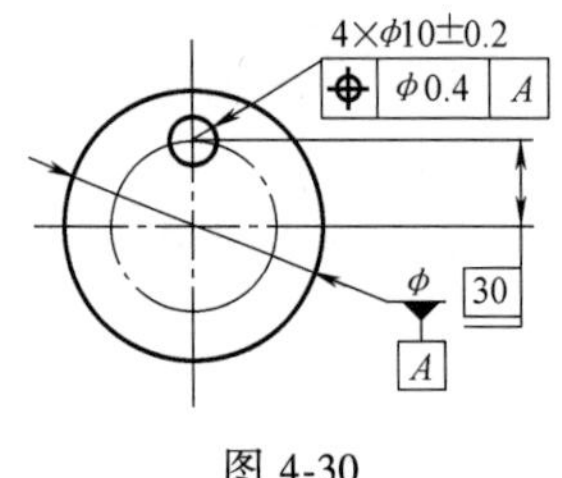

图 4-30

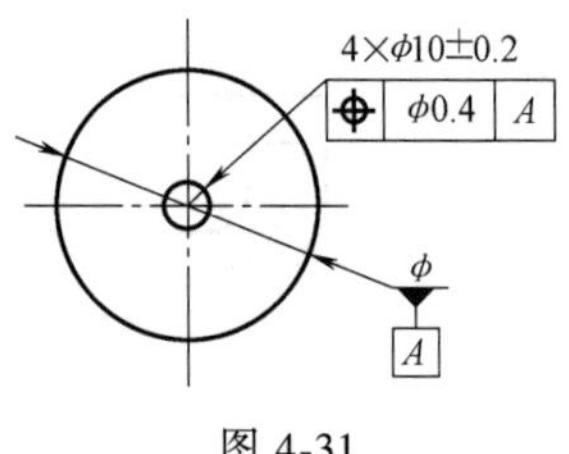

图 4-31

子谦："对，所以说同轴度是位置度的特例，理论正确尺寸为零。对称度也是如此哦。"

赵云："懂了。"

4.4.5 面轮廓度

4.4.5 面轮廓度定义和测量思路

应用场景：定义实体表面的位置，即相对于理论轮廓位置的允许变动范围。理论位置由基准系和理论正确尺寸决定（基准系见 3.2.2 节）。

应用功能：避免实体表面位置误差引起功能失效，如装配。

公差带：从理论轮廓面偏置的两个表面，这两个面到理论轮廓面的距离是公差带的一半。

公差值：公差框内数值。

偏置的细节如下。

1）如图 4-32b 所示，以理论轮廓表面上的若干点为圆心（或球心），画出若干直径 t 的圆（t=1mm 为轮廓度公差值），形成圆簇。

2）绘制出圆簇的内外包络线图（图 4-32b）。

3）这两根线之间的阴影部分（宽度为 1mm）就是公差带（图 4-32c）。

这种用圆柱或圆得到包络线并建立公差带的方法称为偏置。

注意：1）在 GB 和 ISO 标准中，面轮廓可以用来定义中心面位置，如图 4-33 所示。

2）ASME Y14.5 中明确提出公差带向材料增多或减少的方向移动，但对移动方向的具体方法未做解释。

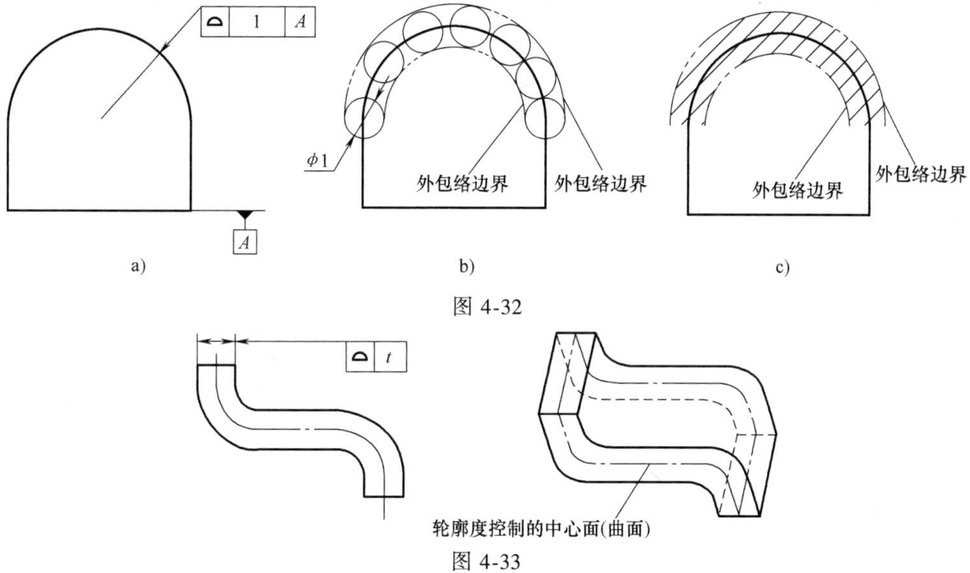

图 4-32

图 4-33

4.4.6　线轮廓度

应用场景：定义实体表面线的位置，即相对于理论轮廓位置的允许变动范围（图 4-34）。理论位置由基准系和理论正确尺寸决定（基准系见 3.2.2 节）。

应用功能：意义在于避免实体表面位置误差引起功能失效，如装配。

公差带：从理论轮廓面偏置出的两条线，这两条线到理论轮廓面的距离是公差带的一半。

公差值：公差框内数值。

注意：1）在 GB 和 ISO 标准中，线轮廓度可以用来定义中心线位置。

2）关于“偏置”的具体操作请参考 4.4.5 节。

3）在 ISO 标准中，线轮廓度可以用来定义曲线的中心面位置。

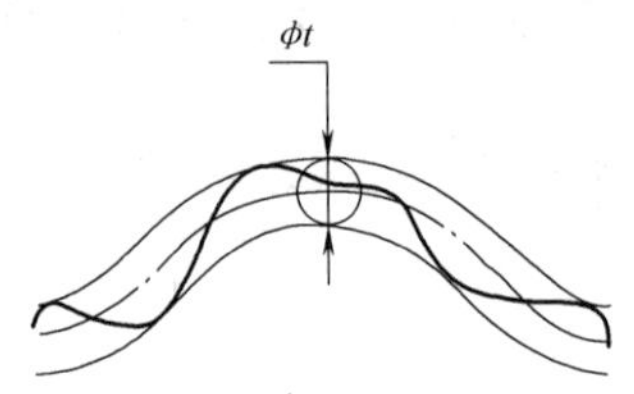

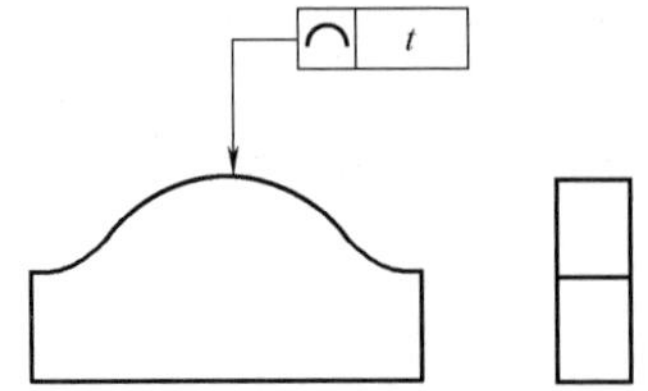

图 4-34

4.5 跳动公差

跳动公差是关联实际要素绕基准轴线回转一周或连续回转时所允许的最大跳动量，包括圆跳动和全跳动。

4.5.1 圆跳动

4.5.1 圆跳动的定义和测量思路

应用场景：定义圆柱、圆锥类实体表面的相对位置误差，此位置误差是根据指定的参考基准系来评价的（基准系见 3.2.2 节）。

误差来源：形状误差、方向误差和位置误差。

公差带：任意横截面上，两个一组的同心圆半径差等于公差值，同心圆之间的区域为公差带（图 4-35）。此同心圆的中心垂直并落在基准系轴线上。

公差值：公差框内数值。

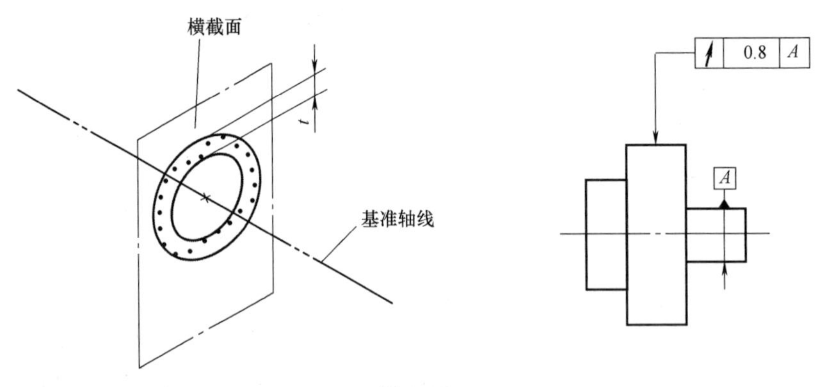

图 4-35

4.5.2 全跳动

4.5.2 全跳动的定义和测量思路

控制实体整个表面的位置，需要参考基准。

公差带为实体整个表面包络在基准轴线上的两同心圆所限定的区域内，半径差等于公差值 t。

应用场景：定义圆柱、圆锥类实体表面的相对位置误差，此位置误差是根据指定的参考基准系来评价的（基准系见 3.2.2 节）。

误差来源：形状误差、方向误差和位置误差。

公差带：两个同心圆柱的半径差等于公差值，同心圆柱之间的区域为公差（图 4-36）。此同心圆柱的轴心落在基准系轴线上。

公差值：公差框内数值。

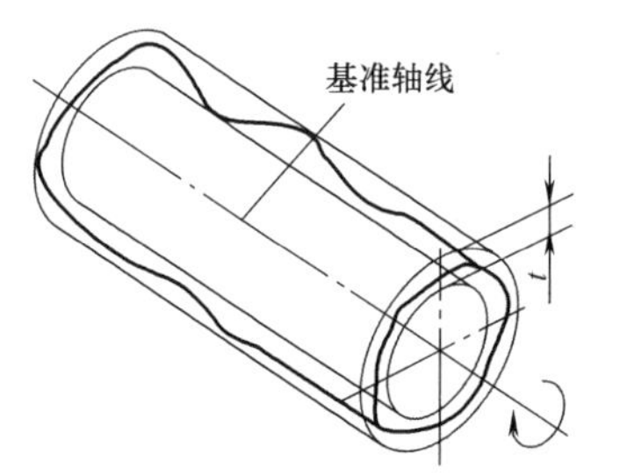

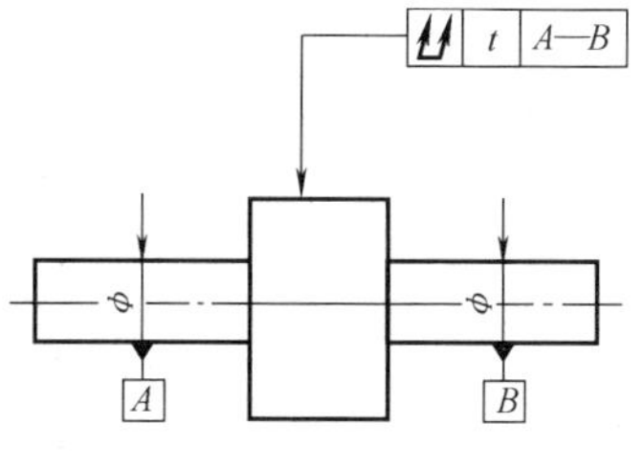

图 4-36

4.5.3 轴向跳动和径向跳动

4.5.3 轴向跳动和径向跳动

请注意，轴向跳动和径向跳动讲述的是测量位置，而圆跳动和全跳动是测量点的评价方法。

1）轴向跳动：现场简称轴跳。测量点的位置在零件端面上，或者此面与旋转中心垂直时。可以标注圆跳动和全跳动。

2）径向跳动：现场简称径跳。测量点的位置在零件回转面上，此时测量值可以代表此截面到旋转中心的直径变化情况。可以标注圆跳动和全跳动。

4.6 控制对象与指引线

4.6.0 几何公差控制对象与指引线全解

4.6.1 选择形体某部分进行控制

如图 4-37 所示，直线度控制在长度为 20mm 的点画线范围内。

> **注意：** 1）用理论正确尺寸标注出被控对象的位置和长度。
> 2）采用粗点画线。

如图 4-38 所示，面轮廓度控制的范围在 *a* 点和 *c* 点之间的投影线所代表的零件表面。

> **注意：** 从 *a* 点到 *c* 点有两条路径，第一条路径经过 *b* 点，第二条路径经过 *d* 点。由于指引线的箭头在 *b* 点的一侧，所以选择第一条经过 *b* 点的路径。

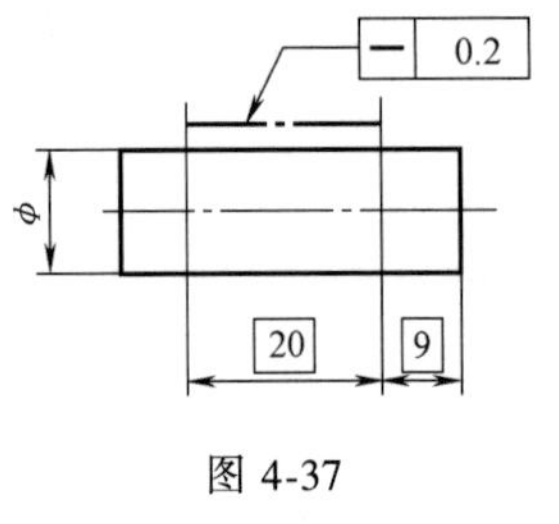

图 4-37

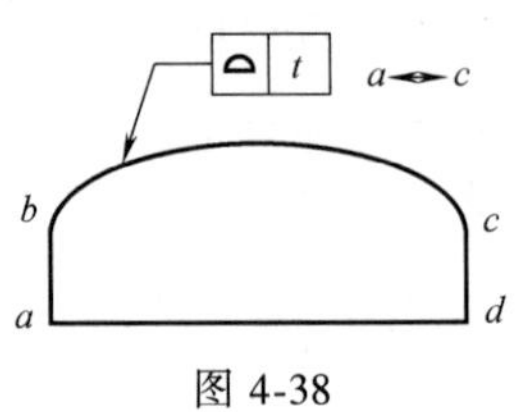

图 4-38

4.6.2 表面要素

如图 4-39 所示，当几何公差控制零件表面要素时有以下两种表达方式。

1）如图 4-39a 所示，指引线标注在投影线的延长线上。

2）如图 4-39b 所示，指引线直接标注在投影线上。

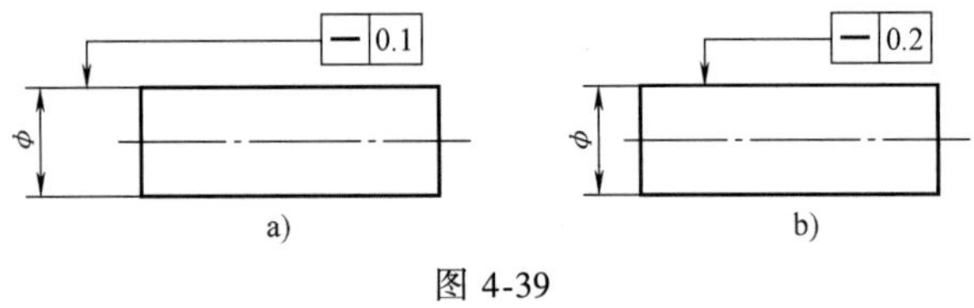

a)　　b)

图 4-39

4.6.3 中心要素Ⓐ

中心要素的表达有以下两种方法。

1）当几何公差控制零件中心要素（圆柱的轴线）时，表达如图 4-40 所示。

> **注意：** 指引线的箭头与实体尺寸线对齐。

2）如图 4-41 所示，指引线的箭头并没有与实体尺寸线对齐，但是在几何公差值 0.2mm 后面有一个符号Ⓐ。此图中的标注意义：圆柱的轴线直线度要求 ϕ0.2mm。

> **注意：** 第二种方法用于 GB 和 ISO。参考标准：GB/T 1182—2018、ISO 1101：2017。

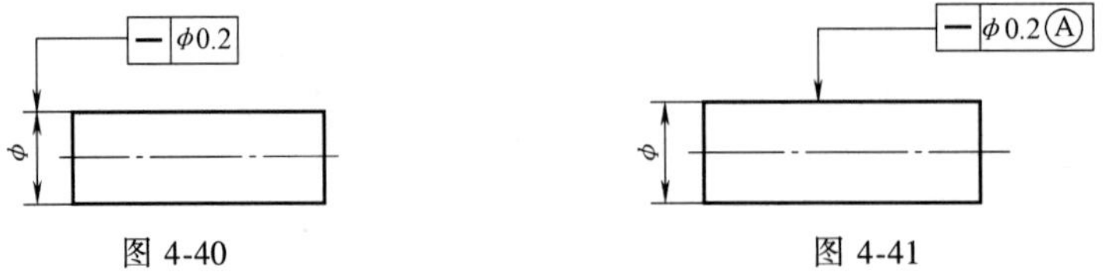

图 4-40　　图 4-41

4.6.4 联合要素 UF

如图 4-42a 所示，将 4 个不连续的要素组合成一个联合要素，并被同一个公差带同时约束（图 4-42b）。

类似功能符号 CZ，详细见 5. 2. 4 节。

参考标准：GB/T 1182—2018、ISO 1101：2017。

注意：UF 用于 GB 和 ISO 标准，标注在几何公差框格外。

4. 6. 5　控制要素在投影正面

1）投影面作为被控制要素时，记住用一个粗黑点表示。

2）投影正面用的指引线是细实线，如图 4-43a 所示。

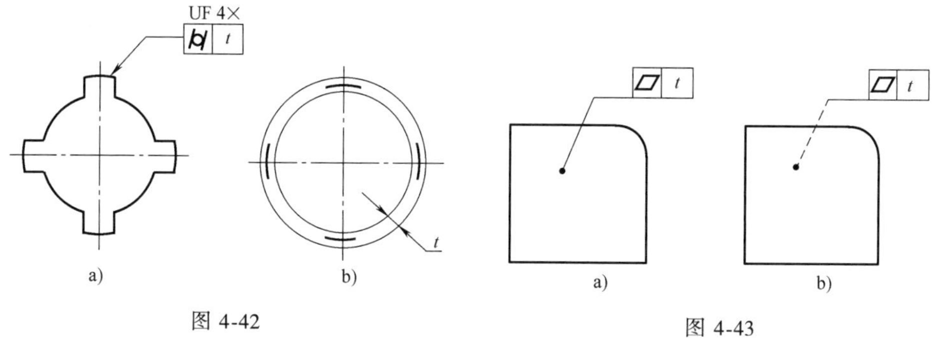

图 4-42

图 4-43

4. 6. 6　控制要素在投影背面

1）同 4. 6. 5 节，用一个粗黑点表示。

2）投影背面用的指引线是细虚线，如图 4-43b 所示。

4. 6. 7　全周——指引线有 1 个圆圈

如图 4-44 所示，在指引线上有 1 个圆圈，表示此轮廓度控制零件全周。全周的界定是箭头所指投影线及其首尾相连的投影线所代表的实体表面。也就是说，控制范围包括 1 个曲面和 3 个平面。

4. 6. 8　全表面——指引线有 2 个圆圈

如图 4-45 所示，在指引线上有 2 个圆圈，表示此轮廓度控制零件全表面。也就是说，控制范围包括 1 个曲面和 5 个平面。

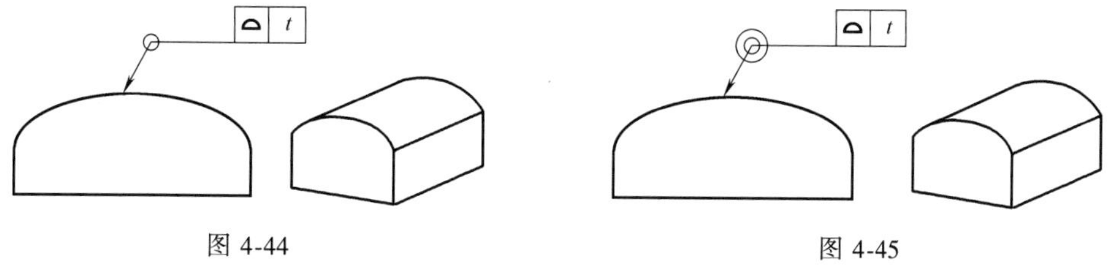

图 4-44

图 4-45

4.6.9 公差带分布方向

公差带分布方向用于 GB 和 ISO。如图 4-46 所示，当图样在指引线上标注理论正确角度时，其用意是定义公差带的方向与指引线保持一致。

参考标准：GB/T 1182—2018、ISO 1101：2017。

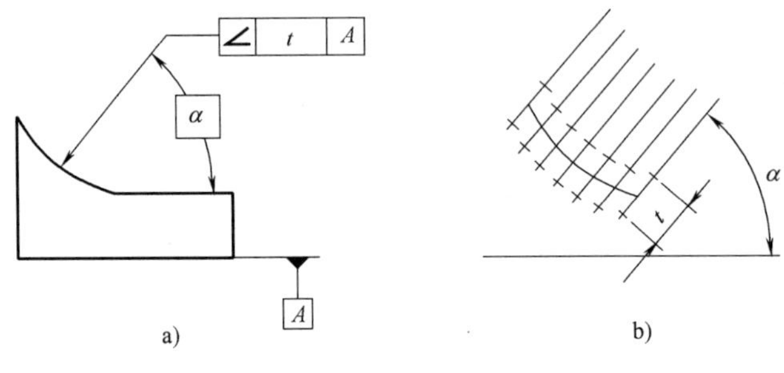

图 4-46

4.7 几何公差框格基本标注

4.7.1 公差带形状与数值

几何公差数值前面的符号“$S\phi$”和“ϕ”表达了公差带的形状。

1）如图 4-47 所示，直径为 20mm 的球心的公差带是一个直径为 ϕ0.4mm 的球。

2）如图 4-48 所示，直径为 14mm 的孔中心轴线的公差带是一个直径为 ϕ0.2mm 的圆柱。

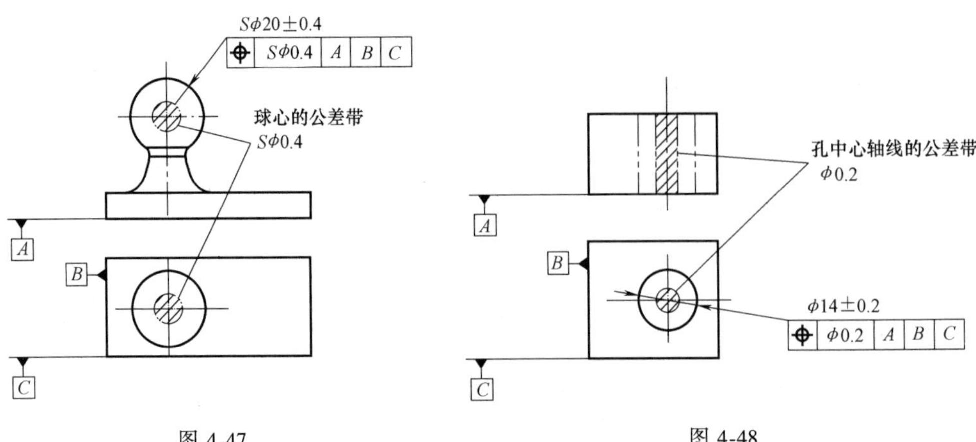

图 4-47　　图 4-48

4.7.2 渐变公差范围

几何公差数值用于定义公差带的带宽。图 4-49a 所示的情况表示公差带宽是变动的，变动的起止点是几何公差框格上的符号“*b* ⟷ *c*”中的 *b*、*c* 两点。公差带如图 4-49b 所示。

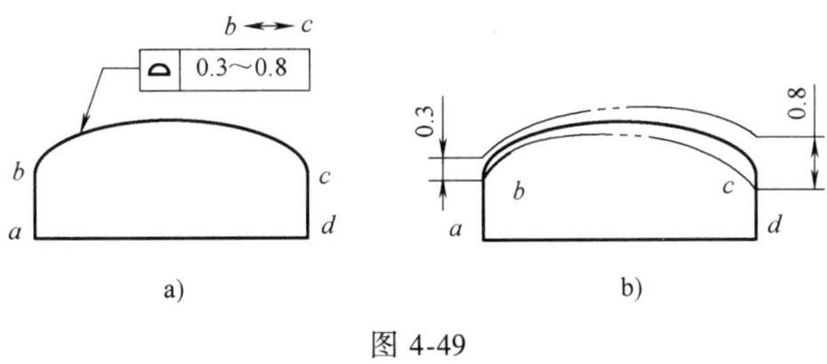

图 4-49

4.7.3 给定测量长度

如图 4-50 所示，几何公差数值“0.3/100×100”，其中“100×100”的意思是：无论此零件表面有多大，每个长、宽为 100mm 的正方形内的平面度都要在 0.3mm 以内。

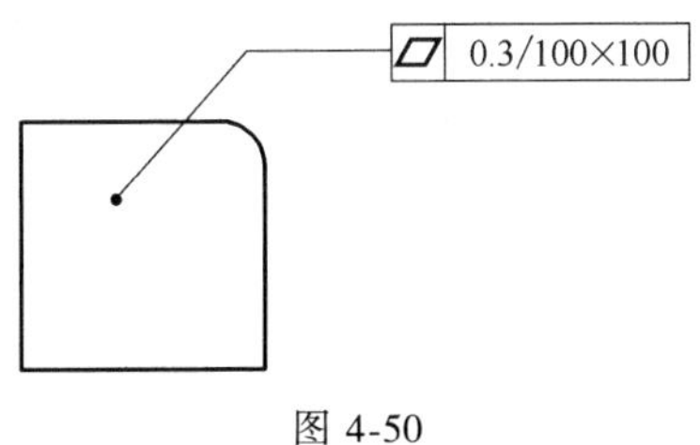

图 4-50

4.7.4 变动公差

变动公差（NONUNIFORM）如图 4-51 所示，仅应用于 ASME 标准，几何公差框格中并没有明确标注数值，而是符号 NONUNIFORM。那么，此时的公差带形状和带宽需要在图样上用双点画线直接标出，也可以用三维软件的模型表达。

参考标准：ASME Y14.5—2018。

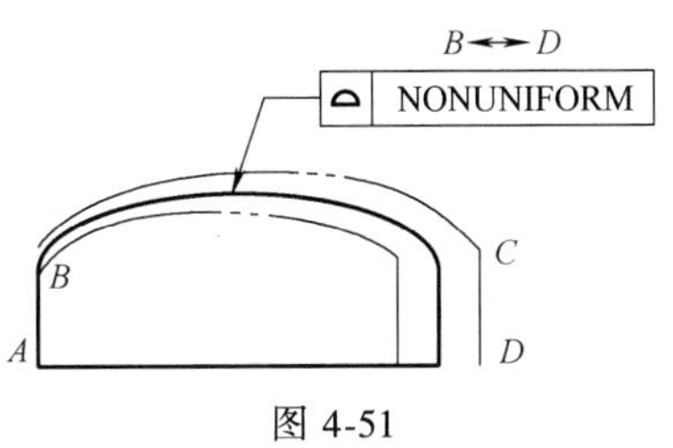

图 4-51

思 考 题

4-1 选择题

1）（　　）是形状公差。

A. 同心度　　B. 圆柱度　　C. 位置度　　D. 对称度

2）轮廓度是（　　）公差。

A. 形状　　B. 方向　　C. 位置　　D. 跳动

3）圆柱表面的全跳动公差带形状是（　　）。

A. 理论圆柱　　B. 两同心圆　　C. 两同轴圆柱

4-2 填空题

1）圆柱度可以管控________和________。

2）几何公差可分为________、________、________和________。

4-3 判断题

1）轮廓度带基准时，能用来约束表面的位置和形状。（　　）

2）位置度在 GB 和 ISO 中可以用来约束实体表面和实体中心的位置；而在 ASME 中只可以约束实体中心位置。（　　）

3）可以用平行度的测量方法来测量平面度。（　　）

4）位置度的公差带一定是圆柱状。（　　）

4-4 连线练习：几何公差之间相互约束关系（画连线）。

表面纹理	
表面粗糙度	超微观
形状公差	微观
方向公差	
位置公差	宏观
尺寸公差	

4-5 如题图 4-1 所示，阅读左侧图样，在右侧画出公差带区间。

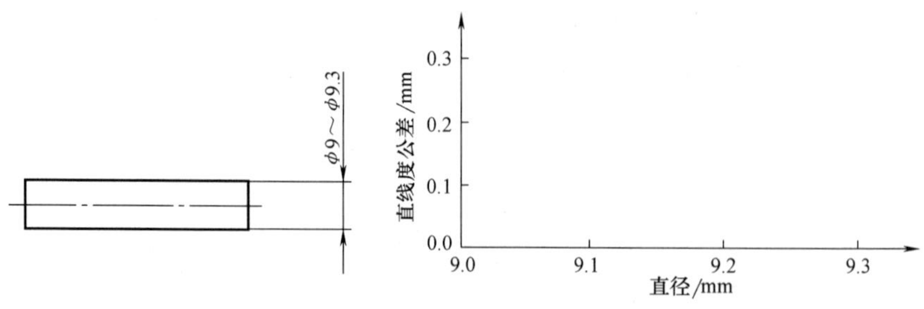

题图 4-1

4-6　如题图 4-2 所示，阅读左侧图样，在右侧画出公差带区间。

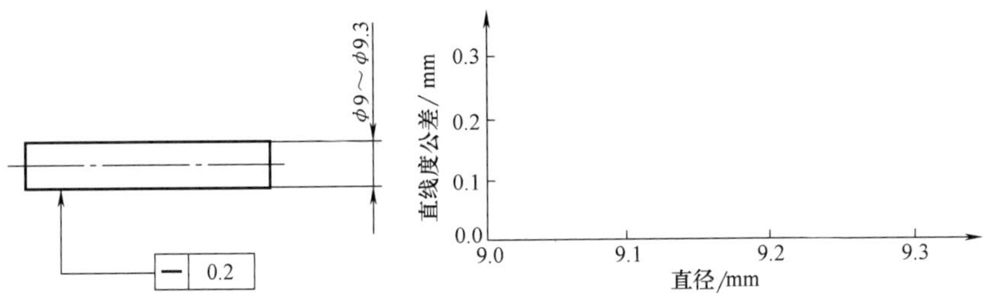

题图 4-2

4-7　如题图 4-3~题图 4-9 所示，练习在括号内填（线—线、面—面、面—线、线—面）。

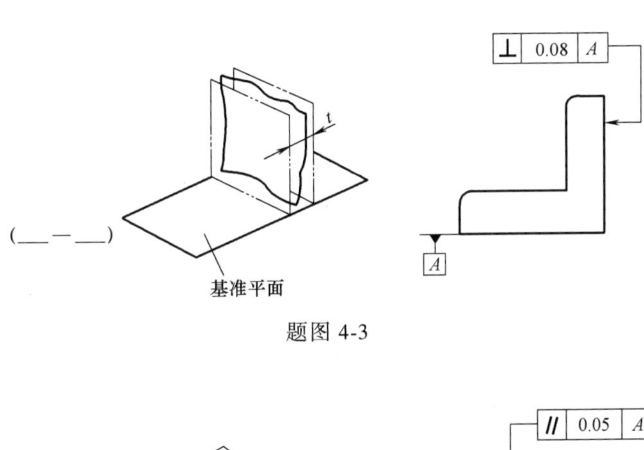

题图 4-3

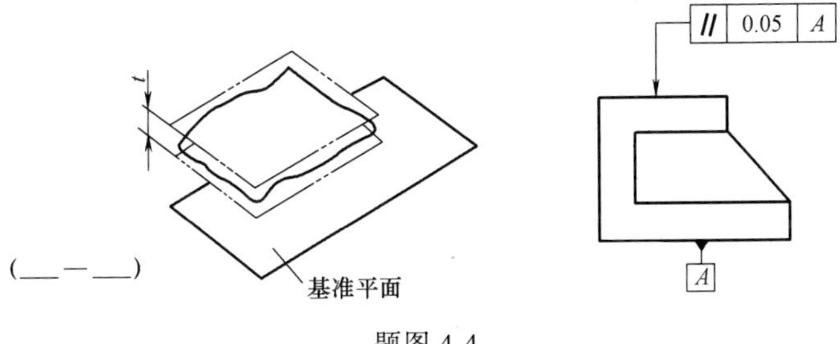

题图 4-4

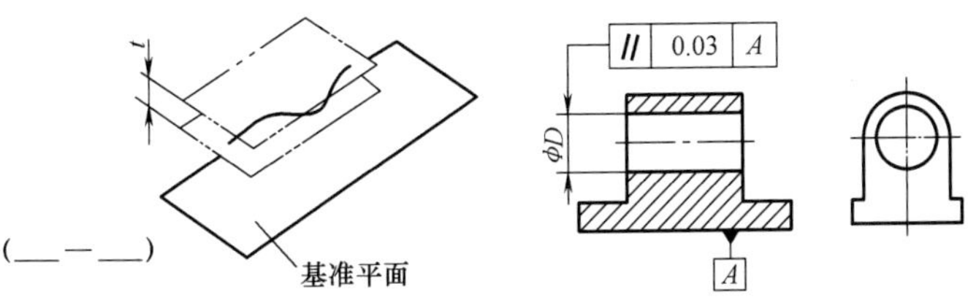

题图 4-5

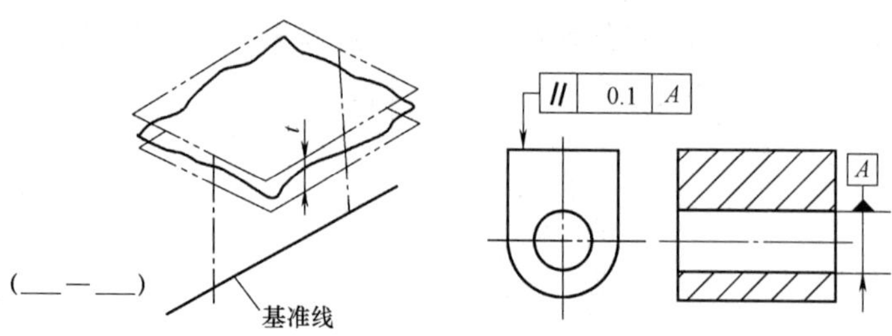

题图 4-6

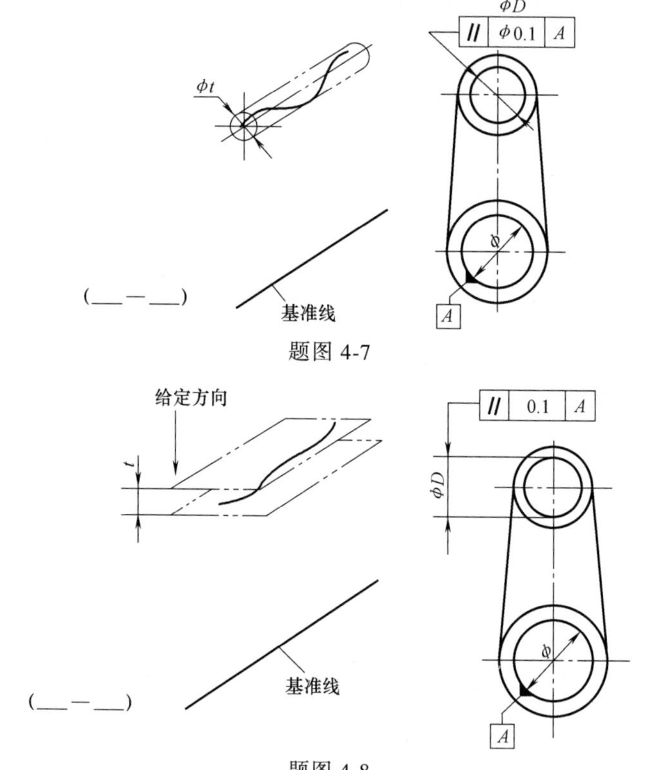

题图 4-8

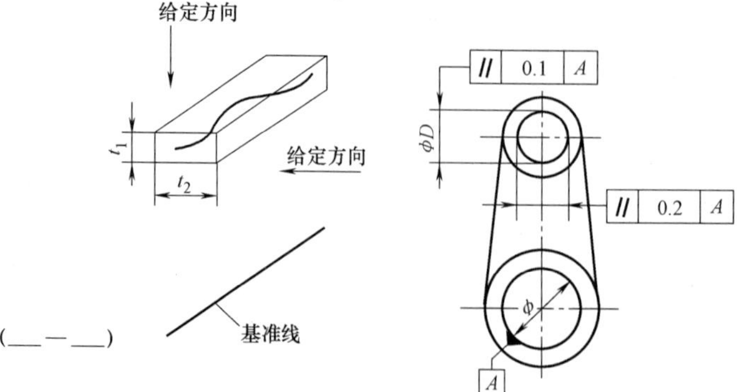

题图 4-9

4-8 图 4-7～图 4-10 中的参数 l_1、l_2、l_3、l_4 最大允许值是多少？

4-9 观察题图 4-10 和题图 4-11 所示的测量方法。

1）用百分表测量平面的最高和最低点，差值是哪种几何公差？

2）如果测量值是 0.1mm，零件合格吗？

3）如果测量值是 0.11mm，零件合格吗？

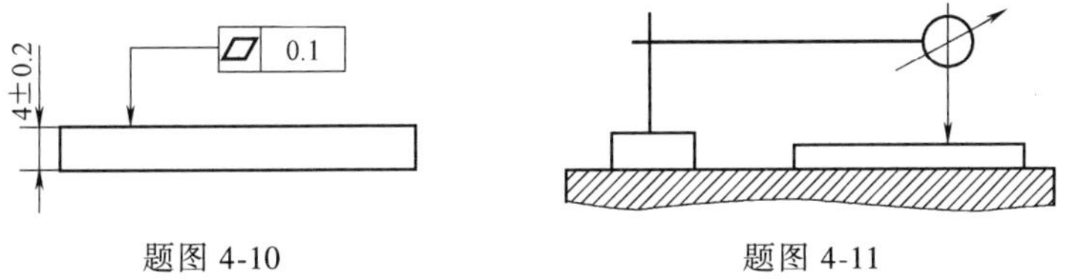

题图 4-10　　　　题图 4-11

4-10 请画出题图 4-12 中两种标注的公差带，比较一下两者的区别。

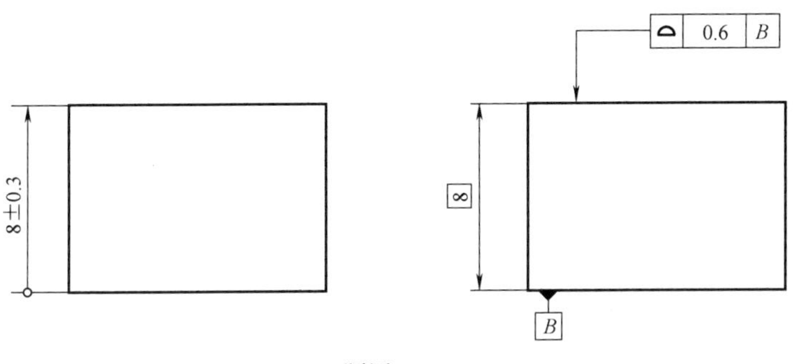

题图 4-12

4-11 请画出题图 4-13 所示的公差带。

4-12 根据题图 4-14，请填写孔中心要素标注下列几何公差时的报告。

1）⊥ | φ0.6 | A | B 报告________。

2）⌖ | φ0.6 | A | B 报告________。

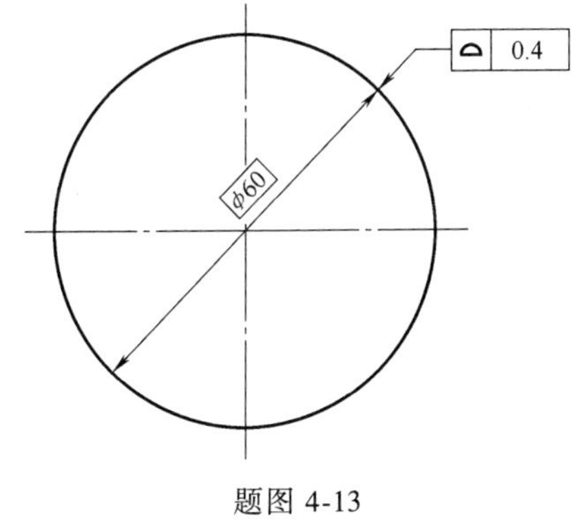

题图 4-13

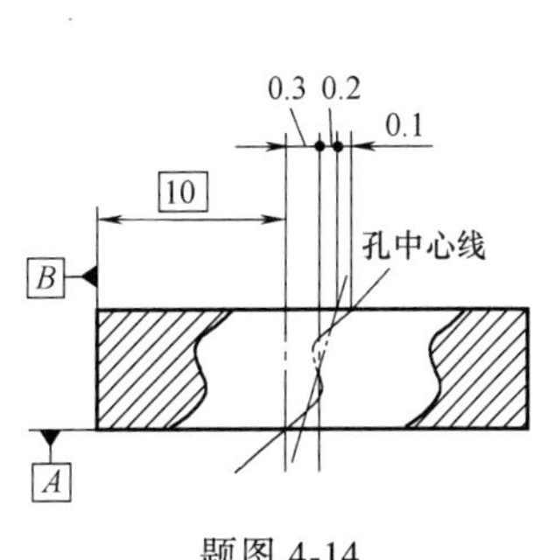

题图 4-14

第5章 几何公差的修饰符号

5.1 几何公差值的修饰符号

子谦接到项目经理天宇的电话，一批样件两天后要求交付，但其中一个零件位置度不好，要开紧急会议，如图 5-1 和图 5-2 所示。

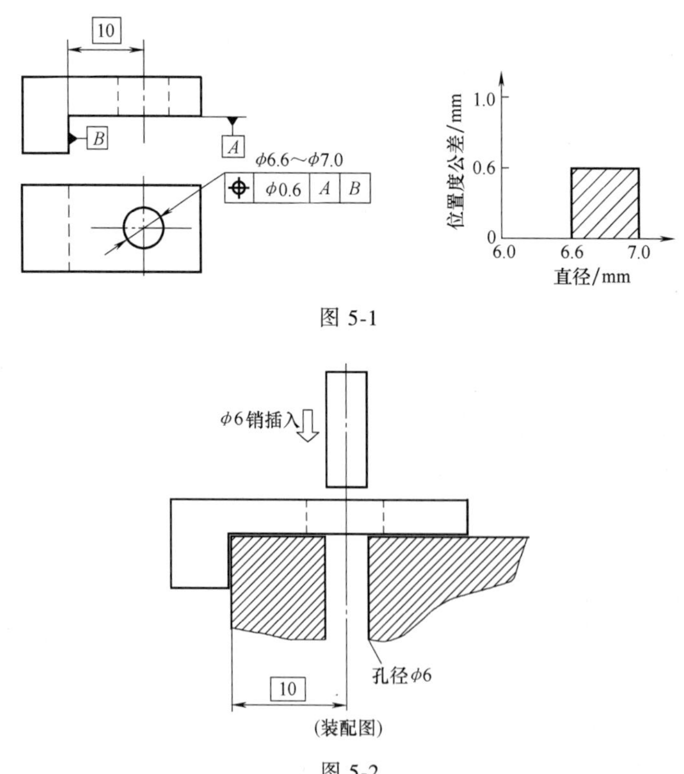

图 5-1

图 5-2

实际情况是销不能通过 L 形板装入配合件内，干涉如图 5-3 所示，孔径为 φ6.6mm，孔中心到基准 *B* 为 9.6mm，测量报告见表 5-1。

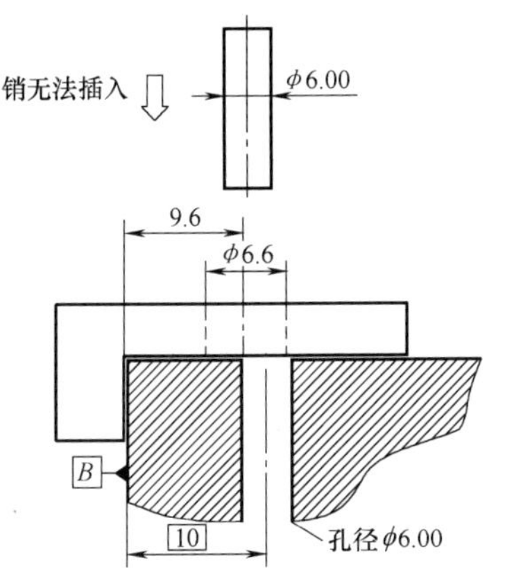

假设：
1.阴影部分零件孔径ϕ6.00。
2.孔到B基准距离10.00。

图 5-3

表 5-1　测量报告

序号	测量对象	尺寸公差/mm		几何公差/mm		判断
		规范值	实测值	规范值	实测值	
1	孔	6.6~7.0	6.6	0.6	0.8	不合格

大家坐定后商量，现在让供应商重新加工一批是来不及了。正当大家苦恼时，一位样件装配作业员在黑板上画了两条线，并标注距离为 0.1mm，如图 5-4 所示。

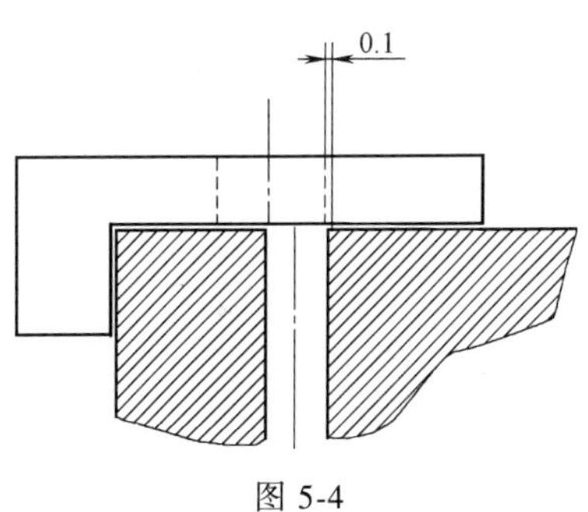

图 5-4

装配作业员："要是 6.6mm 的孔扩大 0.2mm，到 6.8mm 就可装配了。"

SDE（供应商开发工程师）："你是说要扩孔吗？好主意！"

此时大家发现，当孔扩到 6.8mm 时，右边界正好大 0.1mm，则可以装配通过，于是大家觉得让自己车间机加工扩一下孔，可以达到要求。

质量工程师："不行，现在孔的位置度报告是 0.8mm，超过规范值 0.6mm，就算装得进去也不能用，因为不合格。"

设计工程师："没关系，只要 A、B 基准贴平，ϕ6mm 的销能过，我来签让步放行单。"

于是，第二天装配完全通过，交付给客户，大家都很开心。但有一个人不开心了，财务经理格朗台一个月后在项目管理会上发难了："为什么要增加扩孔的成本呢？"

当大家解释清楚以后，财务经理又问了一个难以回答的问题："扩孔后产品位置度误差是 0.8mm，不合格，可以让步放行，也就是说可以装配，上周客户端的试验中功能也没问题，对吗？”

设计工程师：“对，都没关系。”

格朗台：“那我想问，下次也有孔径为 ϕ6.8mm、位置度误差为 0.8mm 时，也可以装，功能也没问题，对吗？”

设计工程师：“是的。”

格朗台：“那各位，孔径为 ϕ6.8mm、位置度误差为 0.8mm 的产品合格吗？”

质量工程师：“不合格。”

格朗台：“那能装能用，为什么不合格呢？这可是公司的资源。”

会场陷入沉默，没有人能回答格朗台（财务经理）的问题，这个如老板间谍似的人物又一次获胜。

工程经理陈博士给出了具体方法，修改图样（图 5-5），公差带见图 5-5b，对比图 5-1 所示的公差带增加了一个三角形的面积。在几何公差值 0.6mm 后面增加了一个Ⓜ，并解释这种用法在 ASME 和 ISO 中都有，称其为“最大实体补偿”。

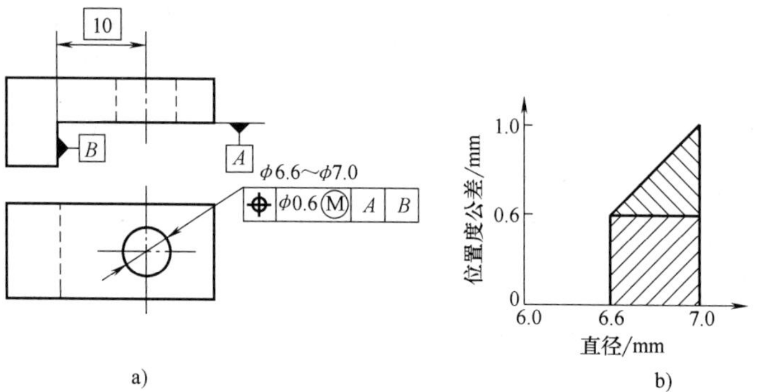

a)　　　　b)

图 5-5

5.1.1 最大实体要求Ⓜ

5.1.1 最大实体补偿与装配Ⓜ

周六一大早，子谦和 Joyce 来到四季青服装城，开始挑选衣服。Joyce 看中一条丝巾，好漂亮，价格 300 元。

JOYCE：“太贵了，老板，便宜点吧。”

老板：“贵什么，这是批发市场，到外面卖 700 元呢！如果你要，开门第一单，300 元，不讲价。”

子谦拿 300 元放在收银台上：“老板，付钱。”

离开店门，Joyce 就抱怨道：“我们钱不够，加上你的 600 元，我们才 1500 元，这样买不了几件衣服啦。”

子谦：“哥是有钱人，这星期帮海挺他们公司设计了个产品，现金报酬 800 元呢。”

Joyce："真的呀！我看看，那也得存下来呀。"

子谦："啊，工资要存，外块也要存，当老婆本呀！"

Joyce："对呀，老婆本=工资+外块。"

Joyce 正在试穿一件粉红色紧身毛衣，头和右手臂穿进去后，左手有点难进去，Joyce 开玩笑说："来，帮下忙，把左边袖口拉大一点，不就可以伸进去了吗？"

子谦一下子愣住了，袖口变大（ϕ6.6mm 孔变大到 ϕ6.8mm）时，左手（ϕ6mm 的轴）不就可以进去了吗？衣服一样可以穿，同时零件也可以用呀。这时，子谦想到了图 5-5。

陈博士在图样上做了修改，在位置度公差 0.6mm 后面加Ⓜ。Ⓜ表示补偿，当孔变大时，配合件的轴径不变时，孔中心位置可以多偏一点儿（图 5-6）。

并列出计算公式为

位置度允许值=位置度公差+孔的补偿值

孔的补偿值计算公式，即

孔的补偿值=孔实测直径-孔的 MMC

孔的补偿值：孔偏离最大实体时的数值正好等于孔的位置度得到的补偿值。

子谦立刻开心地笑了起来，因为他脑海里出现了两幅图（图 5-6 和图 5-7）。

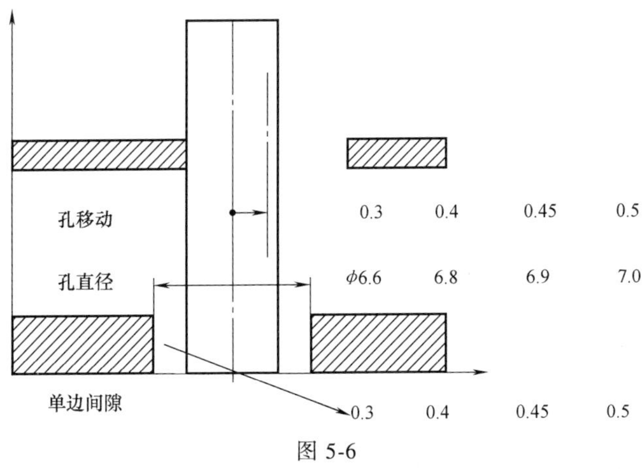

图 5-6

图 5-7

5.1.2 最小实体要求Ⓛ

公司接到一个阿波罗飞船的产品，是一个高压氢气管，设计要求管壁厚度不可小于3mm；否则可能因承受压力而破裂。产品设计如图5-8所示。

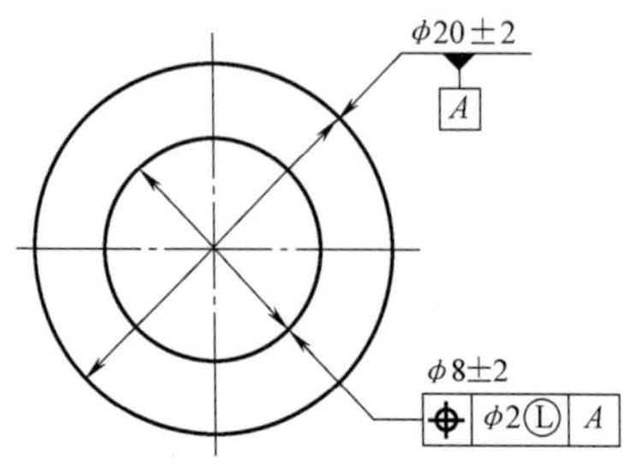

最小外径	最大内径	位置度	最小壁厚
φ18	φ10	2	3

图 5-8

新工程师杨风是个爱研究问题的小伙子，在质量部实习时发现一个问题，找子谦一起研究。情况是产品不合格，但壁厚超过3mm，报废又太可惜，怎么办呢（见图5-9描述和报告）？

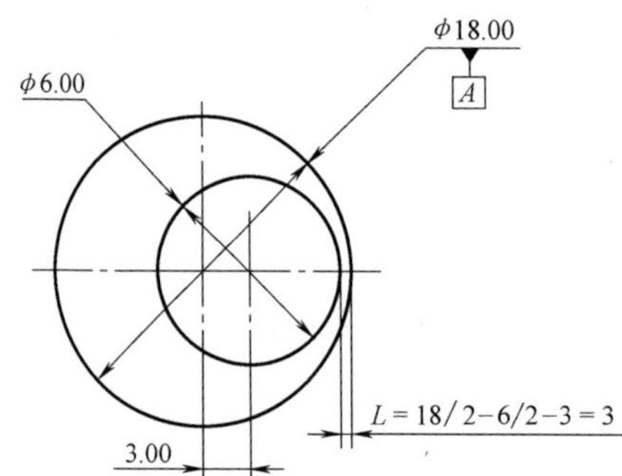

最小外径	最大内径	位置度	最小壁厚
φ18	φ6	6	3

图 5-9

测量报告见表5-2。

表 5-2　测量报告

序　　号	规范值/mm	实测值/mm	判　　断
1	20±2	18	OK
2	8±2	6	OK
3	2	6	NG

杨风解释道：“当内孔在最小实体尺寸10mm时，只能偏移*A*孔中心1mm，位置度允许值为2mm，壁厚为3mm；当内孔为6mm时，壁厚也随之变大，在确保壁厚等于3mm时，内孔仍然可以多移动2mm（共移动3mm）。所以，当内孔偏离最

小实体尺寸时，材料增多，内孔有更多的移动空间，并确保壁厚大于或等于 3mm。”

子谦：“对呀，这就是所谓的最小实体补偿呀，和最大实体补偿正好相反。所以，图 5-10 在几何公差值后面加上Ⓛ即可。”

并列出计算公式，即

位置度允许值=位置度公差+孔的补偿值

孔的补偿值计算公式，即

孔的补偿值=孔的 LMC-孔实测直径

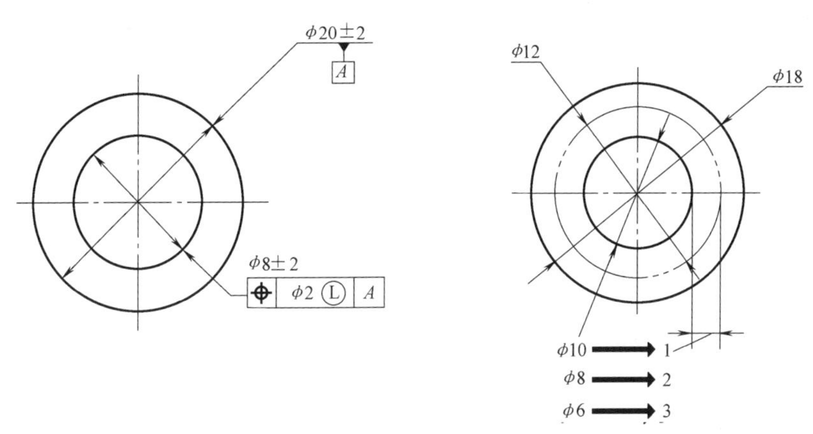

图 5-10

子谦：“如图 5-10 所示，当外径为 18mm 时，为确保壁厚不小于 3mm，所以内孔不能超出 ϕ12mm 的圆之外；如果内孔直径为最大值 10mm（最小实体状态），则内孔可以多移动 1mm；如果内孔直径为最小值 8mm，则内孔可以移动 2mm；如果内孔直径为最大值 6mm（最大实体状态），则内孔可以移动 3mm。”

杨风：“懂了，由于内孔的变小导致内孔有了更大的偏移量，最大可达到 3mm，也就是最大位置度允许值是 6mm，这样就可以有一大批零件放行了，成本可以节约了。”

5.1.3　延伸公差带Ⓟ

5.1.3 延伸公差带Ⓟ

余兵同事拿来了加班单，请子谦签字批准。

余兵解释说：“一个铸造的零件测量合格，但无法装配，还是紧急样件，所以晚上加班彻查原因。老大，您看图 5-11，左边是两配合件图样，右边是报告，所以从报告中看是没问题的。”

子谦看完图样和报告后，让余兵去实验室找出三坐标的测量数据。余兵用三坐标的记录拟合出螺钉的轴线后并打印出来，如图 5-12 所示。

子谦在图 5-12 中用双点画线画了一个公差带，标出直径 ϕ0.4mm，然后说：

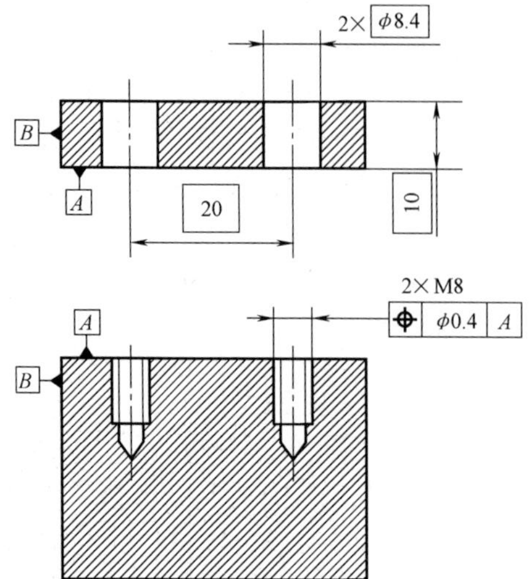

光孔测量值	螺栓孔测量值
直径 φ8.4，φ8.4	M8
位置度 0 ， 0	0.3，0.33

图 5-11

“哥们，问你一个问题，从图形上看零件的螺纹孔位置度合格，但孔正好是倾斜的，所以螺钉装上去后也会倾斜，随着螺钉沿长度方向的延伸，倾斜量会逐步加大。我的问题是：这样的零件和配合件装配后，会有什么后果呢？”

余兵：“螺纹孔是倾斜的，当螺钉拧入后，螺钉将倾斜（图 5-13），所以螺钉延长部分会和配合件干涉。”

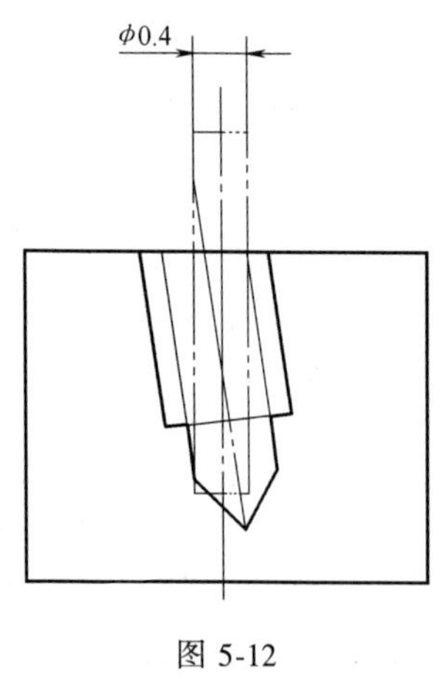

图 5-12

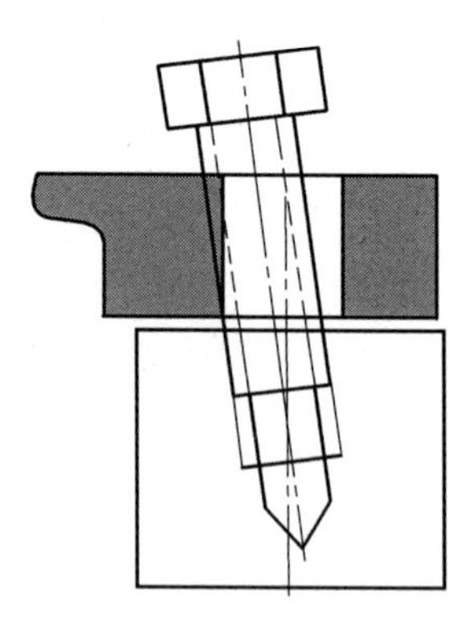

图 5-13

子谦：“你说得对。你有没有发现检验合格但可能无法装配的原因呢？”

余兵：“噢，我终于明白了！但是，老大，怎么办呢？”

子谦：“这是图样标注问题，需要修改一下（图 5-14 和图 5-15），在螺纹孔位置度公差值 φ0.4mm 后面加上Ⓟ，Ⓟ的含义是延伸公差带，这样公差带不在零件本

身，而是零件外和配合件装配的位置。”

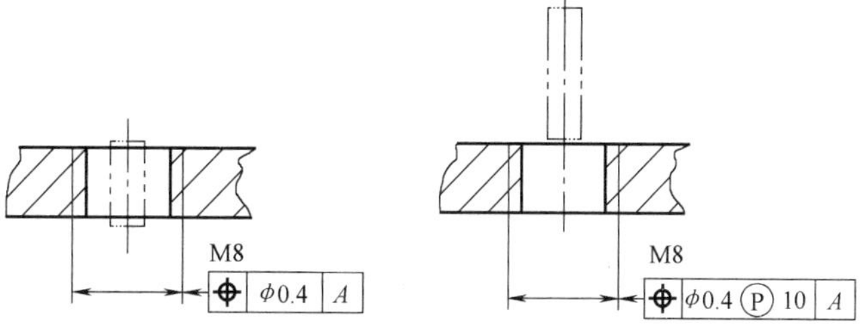

图 5-14

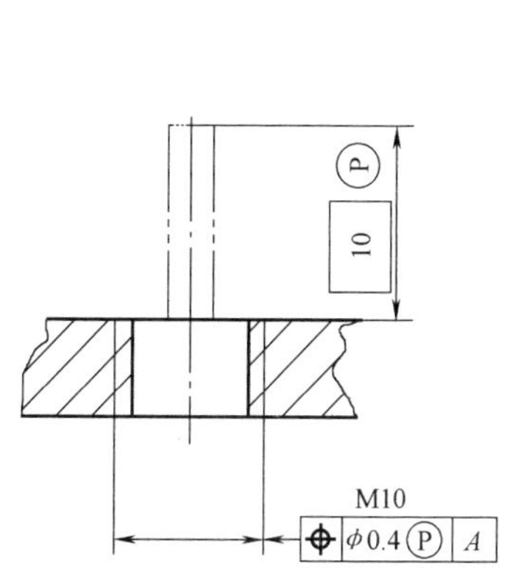

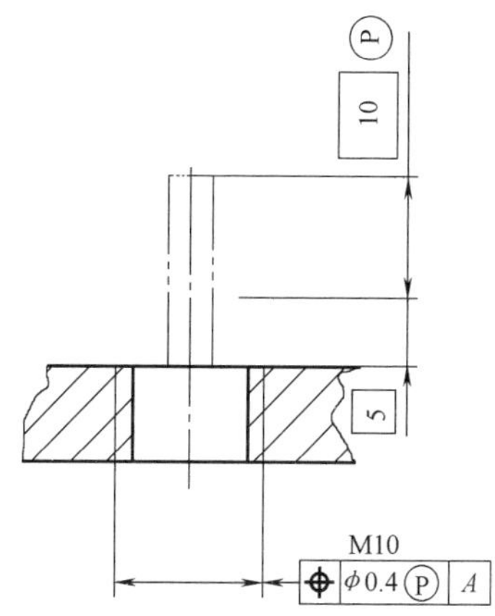

图 5-15

5.1.4　不对称公差带Ⓤ

5.1.4 不对称公差Ⓤ UZ

在图 5-16 中，Ⓤ的理解思路如下。

1）在三视图上画出**坐标轴**，箭头向材料外，材料表面为零点，向外为正，向内为负。

2）在坐标轴上找**公差带起点** 0.1mm，并将理论轮廓偏置到这一点上（图示双点画线）。

3）公差带是从起点**向内** 0.4mm 到坐标轴上的-0.3mm，并将理论轮廓偏置到此。

4）在两双点画线之间部分是本零件的公差带。

> **注意：** 1）Ⓤ仅用于 ASME 标准。参考标准 ASME Y14.5—2018（11.3.1.2 节）。
> 2）GB 和 ISO 中类似符号是 UZ（偏置公差带），并且明确给出偏置的具体方法，见 5.2.1 节。
> 3）关于“偏置”的具体操作，请参考 4.4.5 节。

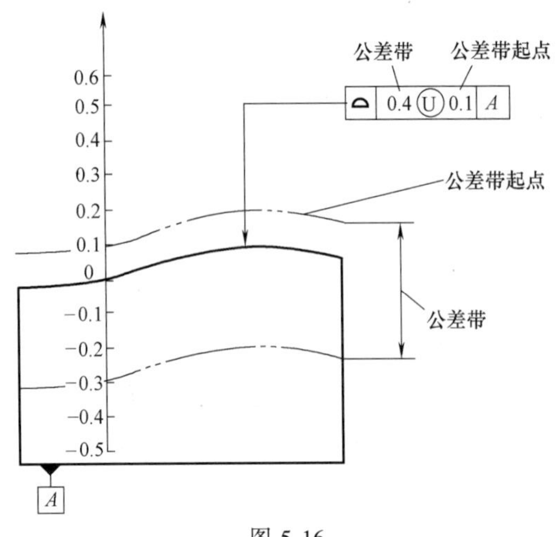

图 5-16

5.1.5 动态公差带△

5.1.5 动态公差带

动态公差带（Dynamic Profile Tolerance Modifier）仅应用于 ASME 标准，一般标注在几何公差框格的第二行，在 GB 和 ISO 标准中，有类似作用的符号是 OZ（线性偏置公差带）。

如图 5-17 所示，理解思路如下。

1）第一行轮廓度公差带宽 1mm，公差带位置固定不动，与普通的轮廓度没有区别。

2）第二行轮廓度公差带宽 0.2mm，公差带位置可以在第一行公差带的范围内变动，要点是公差带的中心面通过理论正确轮廓表面偏置而来，具体的偏置量不做规定（即可以任意变化）。

3）如果想更详细地了解本知识点，见 5.2.5 节。

> **注意**：1）△仅用于 ASME 标准。参考标准 ASME Y14.5—2018（11.10 节）。
> 2）参考 GB/T 1182—2018 和 ISO 1101—2017（5.2.5 节）。
> 3）关于“偏置”的具体操作，请参考 4.4.5 节。

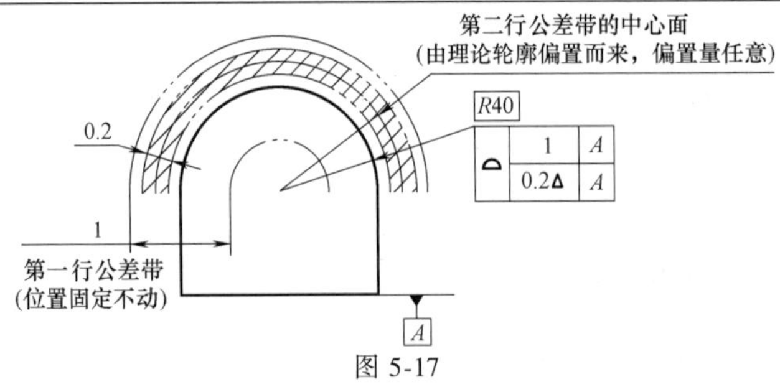

图 5-17

5.1.6 贴切要素Ⓣ

5.1.6 正切平面Ⓣ

目的是从装配功能的角度更合理地评价和筛选零件，功能表面是平面时方可应用。

如图 5-18 所示，理解思路如下。

1）首先，取与表面最高点相切的正切平面。

2）其次，在正切平面上找有效功能表面的最高点，建一条平行于基准的平面（1 线所代表的平面）；找最低点建一条平行于基准的平面（2 线所代表的平面），1 线和 2 线之间的距离值为测量值，评价此表面的平行度。

参考标准：ASME Y14.5—2018（6.3.21、12.6.7 节），GB/T 1182—2018、ISO 1101：2017（8.2.2.2.2 节）。

> **注意：** 1）如果没有Ⓣ，平行度的报告值取 1 线和 3 线之间的距离值。
> 2）ASME Y14.5—2018 版开始，Ⓣ可以应用到跳动和轮廓度等，如图 5-19 所示。

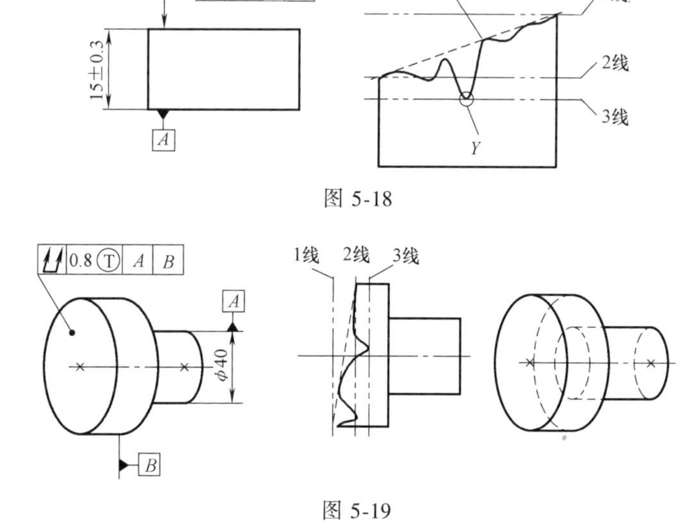

图 5-18

图 5-19

5.1.7 自由状态Ⓕ

5.1.7 自由状态

Ⓕ有 3 种用法。

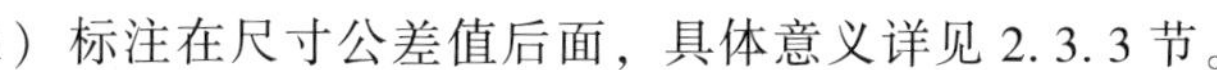
1）标注在尺寸公差值后面，具体意义详见 2.3.3 节。

2）标注在几何公差值后面，具体意义与标在尺寸公差值后面一致，参考 2.3.3 节。

3）标注在几何公差框格中的基准后面，详见 5.3.3 节。

5.1.8 过程统计尺寸〈ST〉

标注〈ST〉的几何公差与尺寸公差一样，要求做 SPC 统计过程控制，详见 2.6.8 节。

参考标准：ASME Y14.5—2018（5.18 节）。

5.1.9 零公差

5.1.9 零公差 0 Ⓜ

当几何公差值为零时，称为零公差，必须与Ⓜ或Ⓛ同时使用，否则视为非法标注，如图 5-20a 所示。其公差带如图 5-20b 所示。

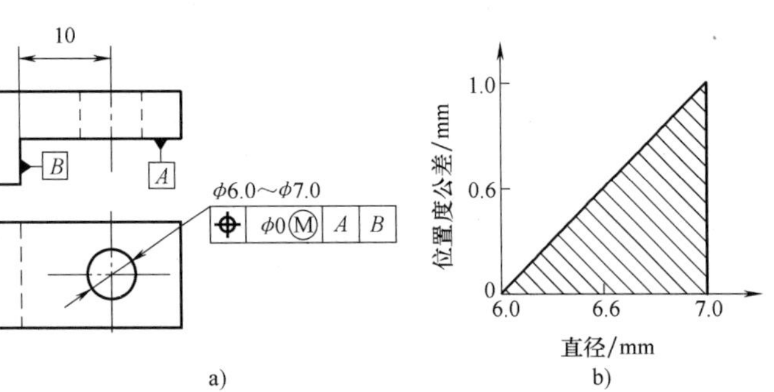

图 5-20

注意：如果不了解这种用法，可能会认为这种标注比较严格，其实不然。可以把图 5-20 中的公差带分解成三部分，如图 5-21 所示。

Ⓡ的详细介绍在 5.2.2 节。

Ⓜ的详细介绍在 5.1.1 节。

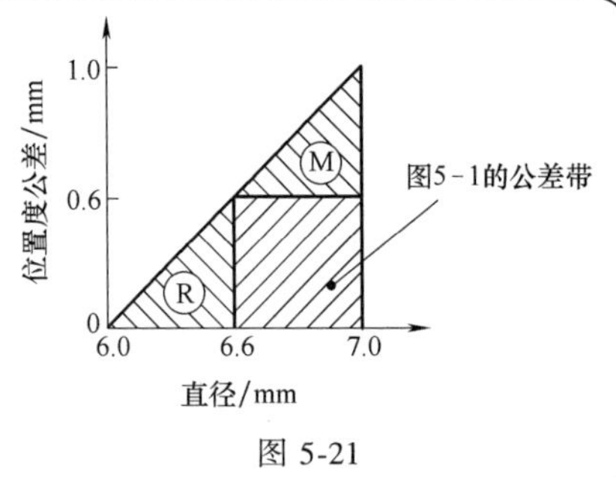

图 5-21

5.2 用于 GB 和 ISO 几何公差值的修饰符号

5.2.1 偏置公差带 UZ

如图 5-22a 所示，UZ 的含义如下。

1）UZ 前面的数值“0.4”代表公差带宽 0.4mm；UZ 后面的数值“0.1”代表公差带中心面的偏置量，如果是正值则把中心面偏置到材料增多的方向，如果是负值则偏置到材料减少的方向。

2）偏置公差带的中心面，如图 5-22b 所示，以理论轮廓表面上的若干点为圆心，画出若干直径为 0.2mm 的圆簇；用点画线画出外包络线为偏置后的公差带中心。

3）绘制公差带。在图 5-22c 中，以偏置后的公差带中心（外包络线）上的若干点为圆心，画出若干直径为 0.4mm 的圆簇；用双点画线画出内外包络线，这两根线之间的区域代表偏置后的公差带。

> **注意：** 1）UZ 用于 GB 和 ISO 标准。参考标准 GB/T 1182—2018、ISO 1101：2017。
> 2）ASME 中类似的标注符号是Ⓤ，见 5.1.4 节。
> 3）关于"偏置"的具体操作，请参考 4.4.5 节。

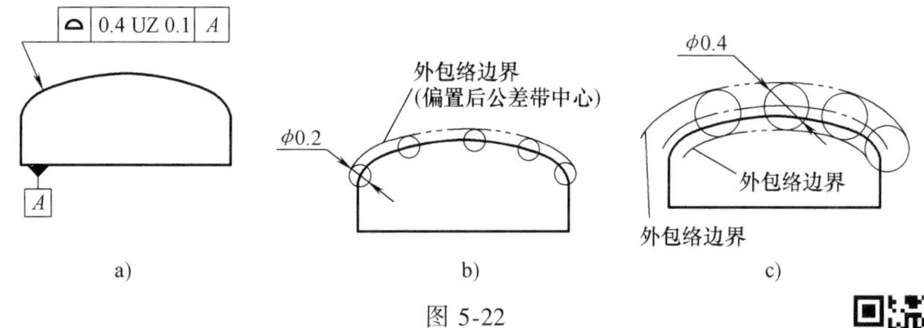

图 5-22

5.2.2 可逆原则

5.2.2 可逆要求Ⓡ

Ⓡ仅用于 GB 和 ISO 标准，目的是在满足装配的前提下合理优化公差带。如图 5-23 所示，图 5-23a 所示是一个带孔的板，装配到图 5-23b 所示的配合件上。装配顺序是：三面基准按 *A*、*B*、*C* 顺序贴平，然后插入右图中的直径为 ϕ8mm 的轴。为方便读者理解，假设右图中轴的位置到 *B* 和 *C* 的距离没有误差，是理论正确尺寸的值 30mm 和 20mm，轴的直径正好为 8mm 没有误差。

本图设计说明：很容易看出，孔的位置度允许值为 1mm，配合件的尺寸是 ϕ8mm，所以孔的最小直径（最大实体）为 ϕ9mm，才能满足装配不干涉。同时设计孔的直径为 ϕ9～ϕ10mm。

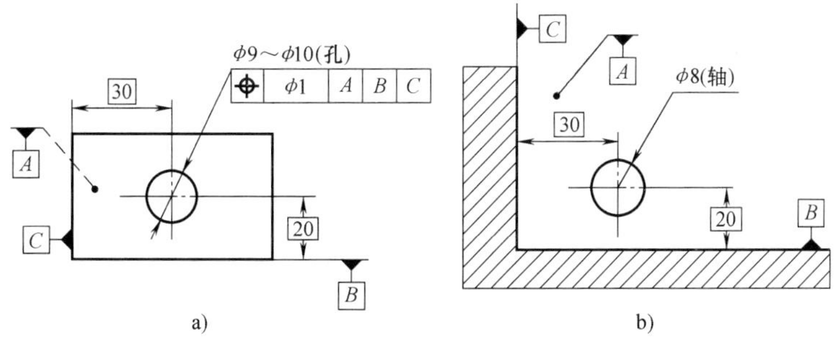

图 5-23

案例解读：如图 5-24 所示，孔位置度公差为 0mm，直径为 ϕ8.5mm，基准 *A*、*B*、*C* 贴平后单边仍然有 0.25mm 的间隙，完全可以装配，但是孔直径超出范围（ϕ9 ~ ϕ10mm）不合格。而且有类似的情况，清单见表 5-3。

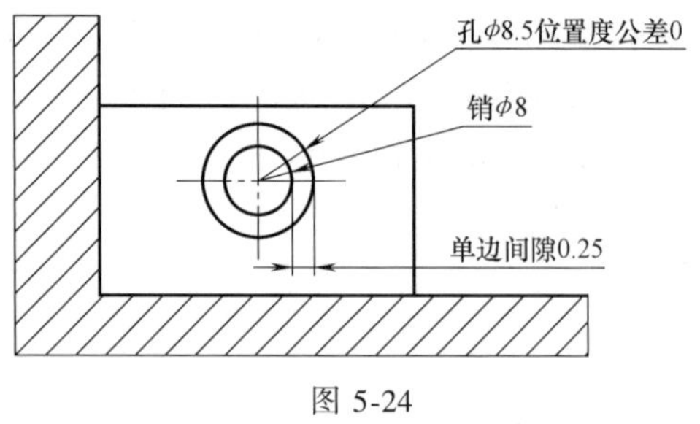

图 5-24

表 5-3　装配清单

序号	直径/mm	位置度误差/mm	最小单边间隙	装配情况	备　　注
1	8.9	0.9	0,无干涉	可装配	直径小于下差,不合格
2	8.8	0.8	0,无干涉	可装配	直径小于下差,不合格
3	8.6	0.6	0,无干涉	可装配	直径小于下差,不合格
4	8.4	0.4	0,无干涉	可装配	直径小于下差,不合格
5	8.2	0.2	0,无干涉	可装配	直径小于下差,不合格

冲突现象分析：孔的位置度报告值很小时，说明孔与配合件（轴）的同轴程度很高，此时孔轴之间就会有机会获得较大的间隙，所以对应的孔直径可以适当小于 9mm，仍然可以装配。而孔直径的减小量与此零件孔的位置度误差有着非常重要的关系，即

孔直径下极限偏差实际允许值 = MMC - |位置度公差 - 位置度误差实测值|

为了能合法地采用这一部分测量不合格却能够装配的零件，GB 和 ISO 标准定义了可逆要求，符号为Ⓡ，如图 5-25 所示。

公差带说明：图 5-23a 中的孔位置公差带表达如图 5-26 所示，是一个正方形；图 5-25 中的孔位置公差带表达如图 5-27 所示，是一个正方形加一个三角形。

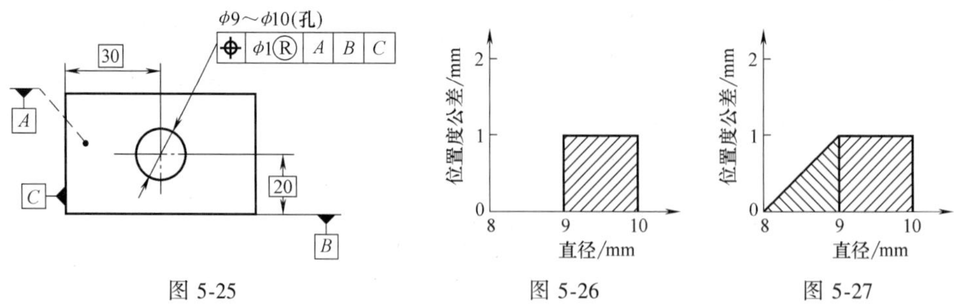

图 5-25　　图 5-26　　图 5-27

5.2.3　独立公差带 SZ

5.2.3 独立公差

独立公差带用于 GB 和 ISO 标准。如图 5-28 所示，指引线加了全周符号（参考 4.6.7 节），则零件 1 个曲面和 3 个平面间有严格

的位置和方向关系。例如：图 5-29 所示侧边与底边的公差带保持垂直关系。

图 5-30 中加符号 SZ，则此零件曲面和 3 个平面之间无严格的位置和方向关系，即 4 个形体各自满足轮廓度公差 0.8mm 的要求即可。此为独立公差带的含义。

图 5-28　　　　图 5-29

> **注意：** 1）部分图样采用老标准（ISO 5458）标注，如图 5-31 所示，“独立要素”英文为 Independent Features，其效果与图 5-30 所示一致。
> 2）在图 5-32 中，SZ 的作用是两孔的中心线间无任何位置和方向关系，与 5.2.4 节中的 CZ 作用正好相反。

参考标准：GB/T 1182—2018、ISO 1101：2017。

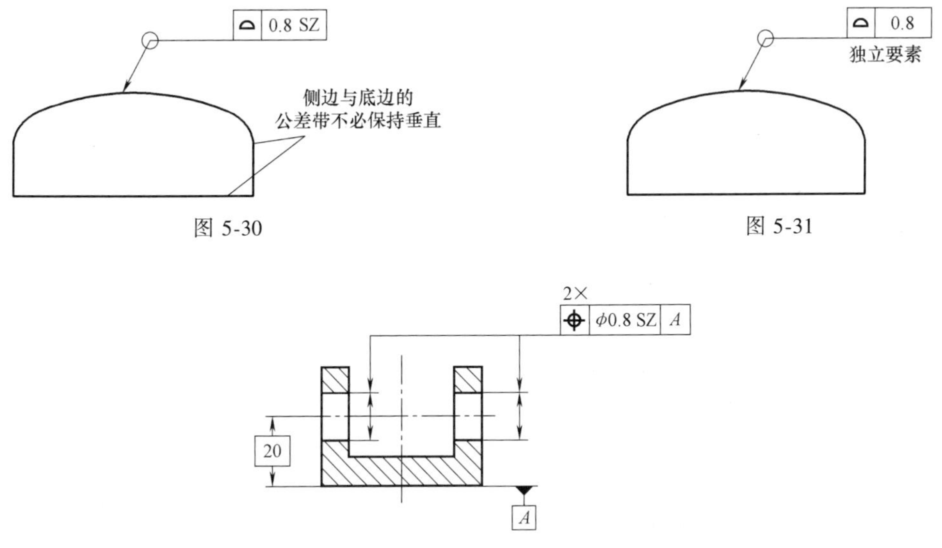

图 5-30　　　　图 5-31

图 5-32

5.2.4　组合公差带 CZ

5.2.4 组合公差

组合公差带用于 GB 和 ISO 标准，如图 5-33 所示。

1）首先，指引线所指的两个平面各自遵守平面度公差 0.8mm 的要求。

2）其次，由于 CZ 的作用，要求两平面间有严格的位置关系。如图 5-34 所示，两个平面的公差带中心保持理论正确距离，其中一个面移动则另一个面也移动，其中一个面旋转则另一个面也旋转。

> **注意：** 1）组合公差带与 ASME 标准中的相对位置和互为基准（6.3.3 节）的概念雷同。
> 2）在图 5-35 中，CZ 的作用是两孔的中心线有严格的同轴关系，即同一个轴线，与 5.2.3 节中的 SZ 作用正好相反。

参考标准：GB/T 1182—2018、ISO 1101：2017。

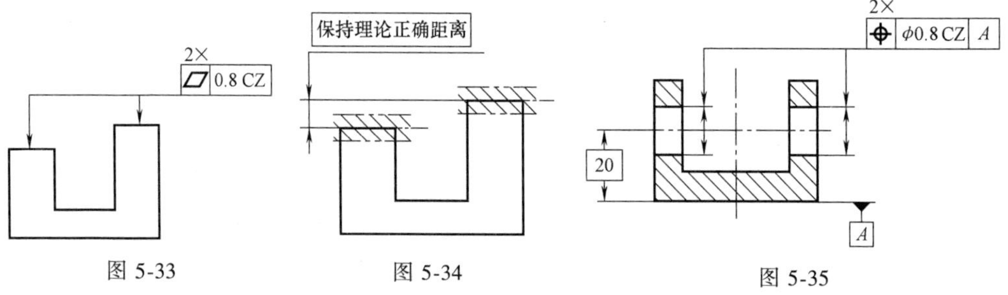

图 5-33　　图 5-34　　图 5-35

5.2.5 线性偏置公差带 OZ

5.2.5 动态公差

OZ 仅应用于 ISO 标准，可以直接理解为“未指定偏置量的公差带偏移”。学习 OZ 知识点前，应先复习 5.2.1 节中 UZ 的内容。

在图 5-36 所示的标注中，第一行公差带宽为 1mm，位置固定不动（图 5-37～图 5-43）。

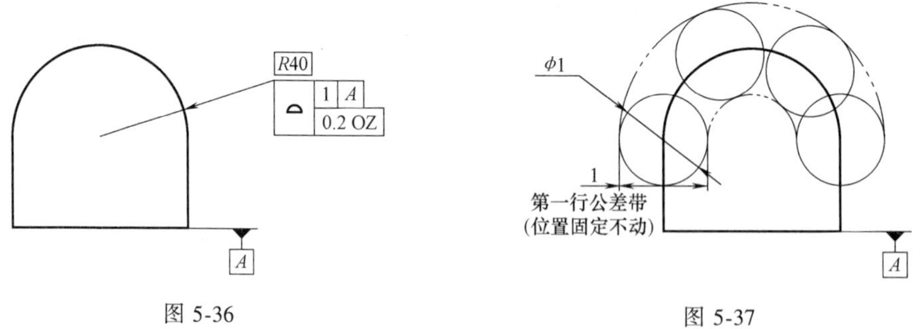

图 5-36　　图 5-37

第二行轮廓度有些不好理解，说明如下。

1）偏置公差带中心面。如图 5-38 所示，首先按偏置的思路，以理论轮廓表面为圆心绘制圆簇（假设此次圆的直径 $d=0.5$mm）。然后按图 5-39 所示绘制出圆簇的内外两根包络线，以这两根包络边界为偏置中心面。

2）选择公差带中心面并偏置出公差带。首先选择外包络边界（假设偏置量为正，0.25mm），如图 5-40 所示，以外包络边界上的若干点为圆心画圆簇，圆直径为 0.2mm。然后按图 5-41 所示绘制出 0.2mm 圆簇的内外两根包络线，这两根线之间的阴影部分就是第二行公差的公差带（图 5-41）。

3）由于 OZ 是未指定偏置量的公差带偏移，所以图 5-42 中的 t 值是变化的，因此 0.2mm 的公差带可以在 1mm 的公差带内任意偏移，t 值的范围经过计算是 -0.3～+0.3mm 之间。

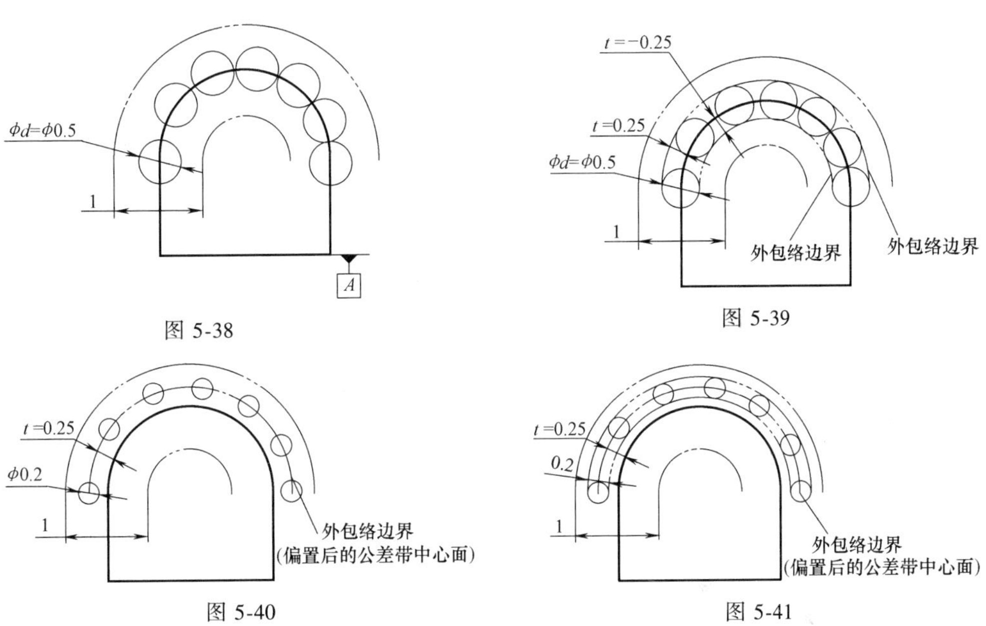

图 5-38　　图 5-39

图 5-40　　图 5-41

案例解读：图 5-43 中曲线为零件实际表面位置所在，可以将偏置量 t 值从 +0.3mm 向-0.3mm 变动，从而使公差带向零件表面逼近，如果能将整个曲线包含在公差带内，则零件合格。

参考标准：GB/T 1182—2018、ISO 1101：2017。

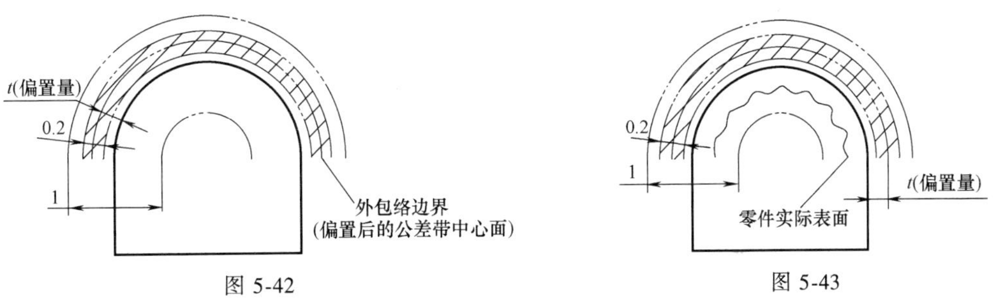

图 5-42　　图 5-43

注意： 在 ASME 标准中，有类似作用的符号是“△”，参见 5.1.5 节。

5.2.6 最小二乘要素Ⓖ

最小二乘要素用于 GB 和 ISO 标准，应用于几何公差。拟合实际测量点的具体要求和方法，通常借助三坐标测量机等设备进行操作。

如图 5-44 所示，Ⓖ的意义与尺寸公差中的符号(GG)一致，详细理解见 2.5.1 节。

参考标准：GB/T 1182—2018、ISO 1101：2017（8.2.2.2 节）。

5.2.7 最小区域要素Ⓒ

最小区域要素用于 GB 和 ISO 标准，应用于几何公差。拟合实际测量点的具体要求和方法，通常借助三坐标测量机等设备进行操作。

如图 5-45 所示，要求把测量点按最小区域拟合，也就是最小区域要素。

参考标准：GB/T 1182—2018、ISO 1101：2017（8.2.2.2 节）。

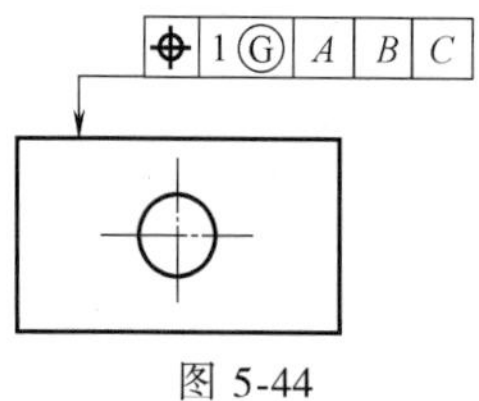

图 5-44

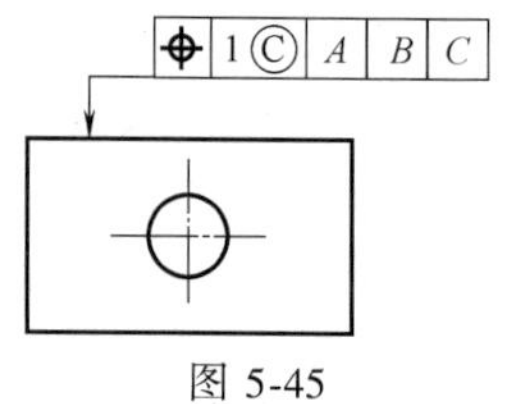

图 5-45

5.2.8 最小外接要素Ⓝ

最小外接拟合要素用于 GB 和 ISO 标准，应用于几何公差。拟合实际测量点的具体要求和方法，通常借助三坐标测量机等设备进行操作。

如图 5-46 所示，理解思路如下。

1）首先，在孔表面取若干测量点。

2）其次，拟合出最小外接圆（要求与尺寸公差中(GN)一致，参见 2.5.3 节）。

3）再次，对此圆的中心轴心进行评价，看是否在合格范围内。

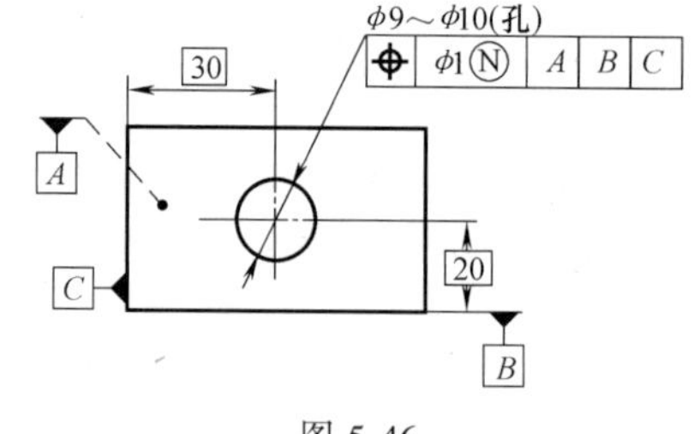

图 5-46

参考标准：GB/T 1182—2018、ISO 1101：2017（8.2.2.2 节）。

5.2.9 最大内切拟合要素Ⓧ

最大内切要素用于 GB 和 ISO 标准，应用于几何公差。拟合实际测量点的具体要求和方法，通常借助三坐标测量机等设备进行操作。

如图 5-47 所示，理解思路如下。

1）首先，在孔表面取若干测量点。

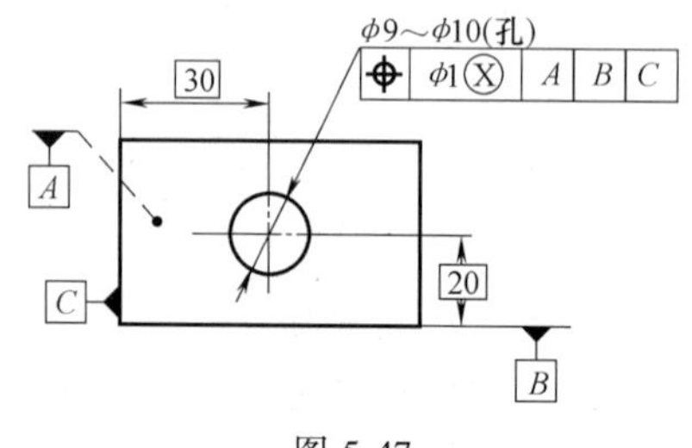

图 5-47

2）其次，拟合出最大内接圆（要求与尺寸公差中Ⓖⓧ一致，参见 2.5.2 节）。

3）再次，对此圆的中心轴心进行评价，看是否在合格范围内。

参考标准：GB/T 1182—2018、ISO 1101：2017（8.2.2.2 节）。

5.2.10　仅约束方向><

5.2.10 仅约束方向

刘峰和子谦在讨论一个比较少见的标注。

刘峰看了图 5-48 后说："请问，这个大于号加小于号是什么套路？"

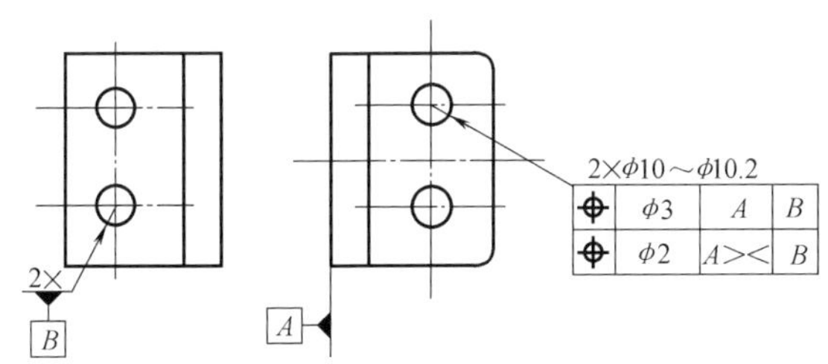

图 5-48

子谦："这是 GB 和 ISO 的符号，表示仅约束方向，与 ASME 标准中的复合公差有异曲同工之妙。"

刘峰："复合公差我知道。"（在本书 6.3.2 节有详细介绍）

子谦："对此类图样的理解分两步。第一步，理解第一行，公差带没有发生变化（图 5-49 中两个虚线圆）。第二步，理解第二行，图 5-49 中两个实线阴影圆代表的公差带，可以上下左右移动，但要和基准系保持方向不变，此图可以理解为两 ϕ2mm 的圆中心连线保持与基准 A 平行。"

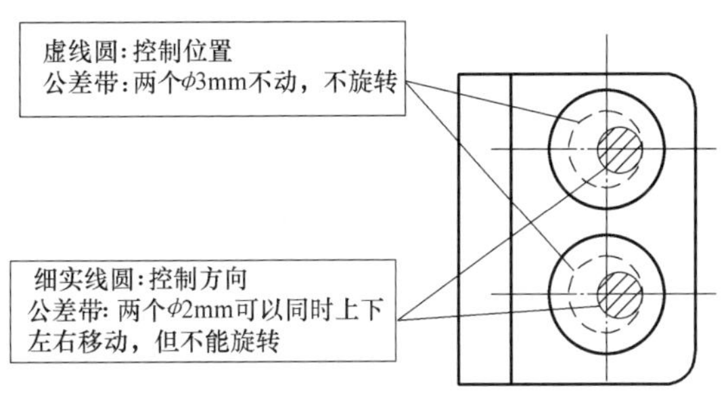

图 5-49

刘峰："哦，我发现了，图 5-48 和图 6-9 所示的第二行控制的公差带是一样的，哈哈！看来，ISO 和 ASME 这两套标准是殊途同归呀！"

注意： 1）参考标准：GB/T 1182—2018、ISO 1101：2017（7.4.2.8 节）。

2）为了更详细地理解本知识点，请阅读 6.1.4 节。

5.3 ASME 标准对基准模拟体的要求

5.3.1MMB

5.3.1 基准最大实体边界Ⓜ

最近公司接到一个分度盘的定单，其中一个零件有问题，如图 5-50 所示。

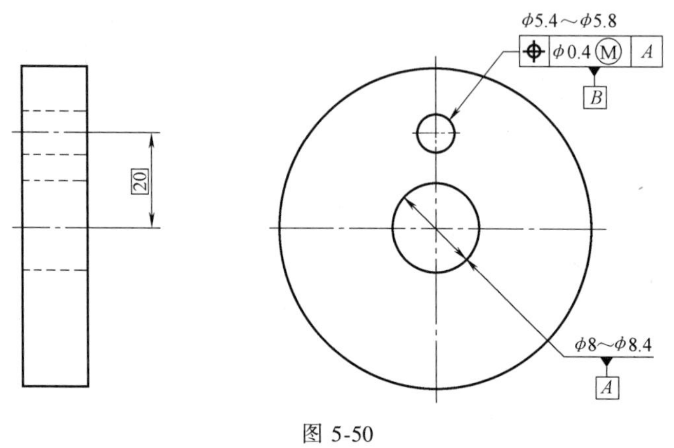

图 5-50

样件已从供应商送到了工厂，测量结果见表 5-4。

表 5-4 测量结果

序号	规范值/mm	实测值/mm	判断
1	5.4~5.8	5.8	OK
2	位置度 0.4Ⓜ	1.0	NG
3	8.0~8.4	8.00	OK

组装中发现无法装配，与配合件的装配状况如图 5-51 所示。

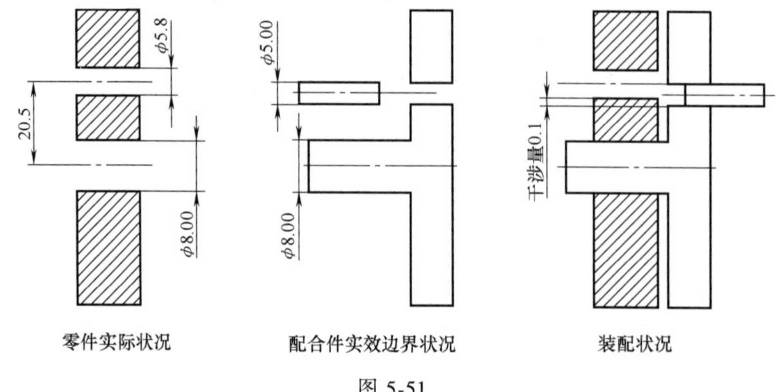

图 5-51

有人建议："那像上次一样把 ϕ5.4～ϕ5.8mm 孔再扩 0.2mm 不就够了吗？"

质量部："不行，目前已经是 ϕ5.8mm，再扩 0.2mm 就是 ϕ6.0mm 了，ϕ6.0mm 大于规范值。"

天宇："嗯，我们将 ϕ8.0～ϕ8.4mm 的孔扩到 ϕ8.2mm，然后整个零件向下移动 0.1mm，不就行了吗？"

大家表示同意，于是又上演了上次的一幕：生产紧急加工，申请额外加工费用（成本），一切有序地进行着。

格朗台又来挑战了："以后 ϕ8.2mm、ϕ5.8mm 位置度 ϕ1.0mm 的零件可以用吗？能用为什么不合格？成本意识哪去了？成本！！！"

人们再也看不下去格朗台刻薄的样子，因为没人能解释。当然，站出来解决问题的还是工程经理陈博士，修改图样如图 5-52 所示。

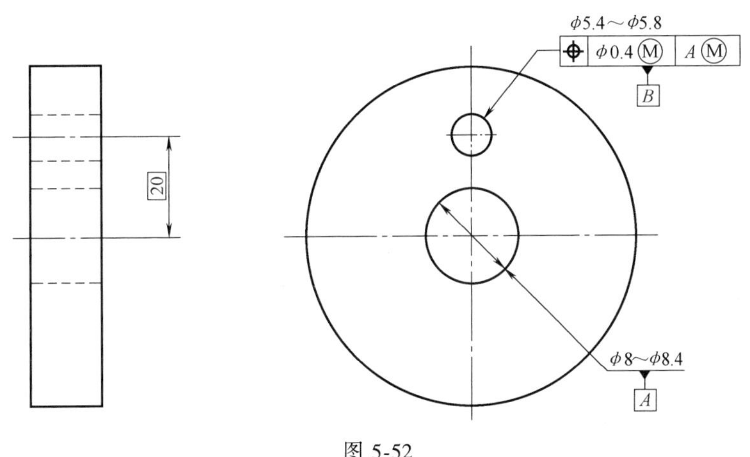

图 5-52

在几何公差框的基准 A 后面加Ⓜ。此时Ⓜ表示基准最大实体边界，当基准 A 孔变大，配合件的轴直径不变时，A 孔周边得到的间隙可以补偿给 B 孔用于装配。

计算公式为

位置度允许值=位置度公差+B 孔特征补偿+A 孔基准补偿

B 孔补偿为

B 孔的补偿值=B 孔实测直径-B 孔的 MMC

A 孔补偿为

A 孔的补偿值=A 孔实测直径-A 孔的 MMC

周末子谦和 Joyce 陪好朋友刘丹夫妇去看新房，由于首付有优惠，只需两成，所以 20 万就可以了，而且见好朋友们已经买了，所以子谦也想买。

回家之后，子谦把箱底翻空，工资存下来的余额 6 万，去年到今年赚的外块 3.2 万，但离 20 万还差很多，怎么办呢？于是在黑板上写下（图 5-53）：首付 20 万，工资 6 万，外块 3.2 万，10.8 万。

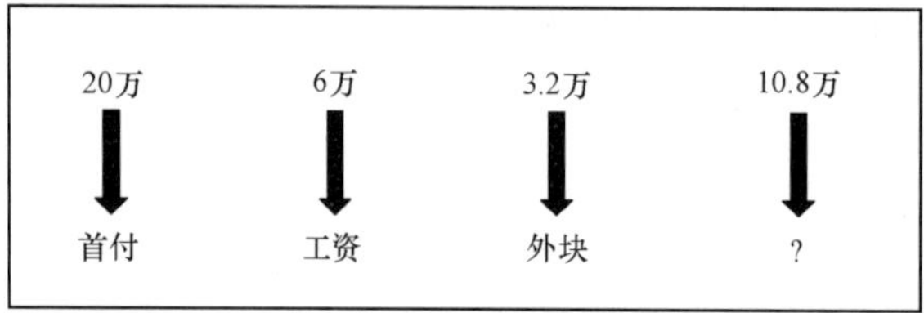

图 5-53

老爸打来电话，说晚上来宿舍。老爸来到子谦宿舍后，看到黑板上的数字觉得好奇，就问是什么意思。

子谦解释道：“20 万是房子的首付款，6 万是这几年存下来的工资，3.2 万是这两年做兼职赚的外快，10.8 万是还差的钱。”

老爸听完哈哈大笑，拿起白板笔在 10.8 万下写了个“爹”（图 5-54）。

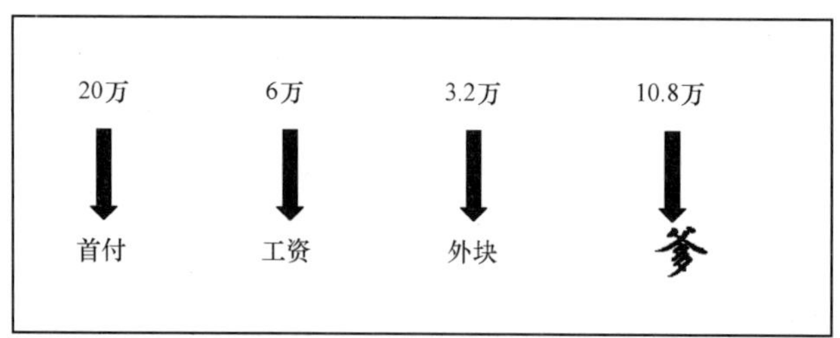

图 5-54

子谦突然想起公司的零件分度盘，以及陈博士写的公式，似乎与黑板上的公式有些关系，于是紧锁眉头思索中，老爸看见发愣的子谦，用手推了他一下说：“儿子钱不够用，当然回家找爹要呀，所以缺多少爹给你补呀。”

子谦一拍脑门说：“对呀，这就是基准补偿呀（图 5-55），*A* 孔是 *B* 孔的基准，基准就是爹呀。”

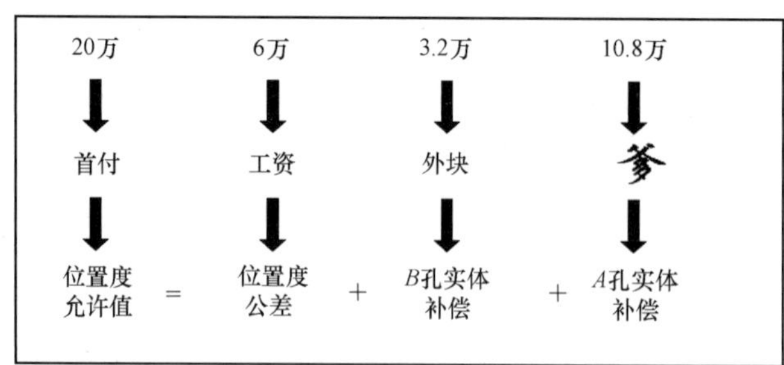

图 5-55

说完立刻在白板上写下了思路：当零件两个孔直径都正好是最小值 8.0mm 和 5.0mm，并且中心距正好是 20.0mm 时，理论上刚好装入配合件。在这种情况下，如果两孔直径增大，则孔与配合件之间就有了间隙，孔可以向两侧偏移，中心距也

随之变化，但仍然可以装配，如图 5-56 所示。

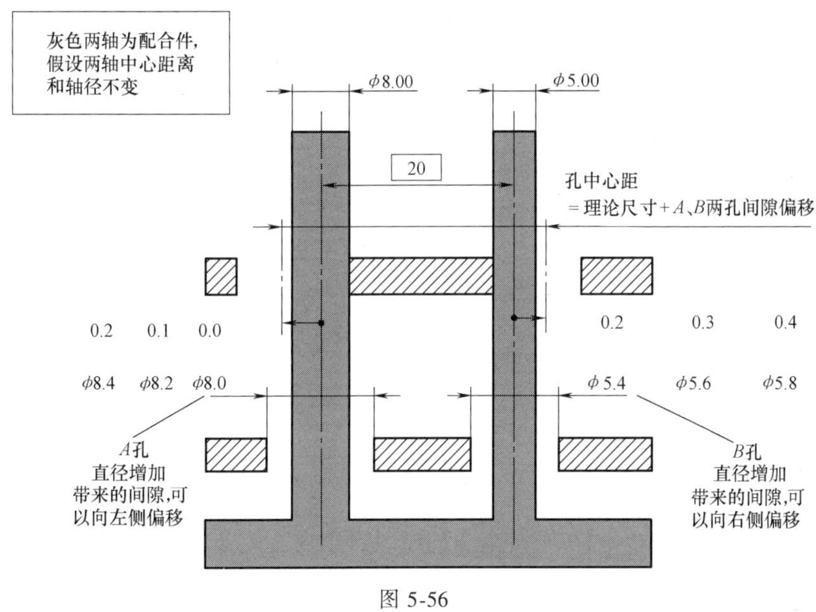

图 5-56

5.3.2　基准最小实体边界Ⓛ

杨风深入研究 5.1.2 节中提到的零件时，发现了另一个问题，如图 5-57 所示，情况是产品位置度误差超过最大允许值 6mm，但壁厚超过 3mm。详见图样描述和报告（图 5-57）。

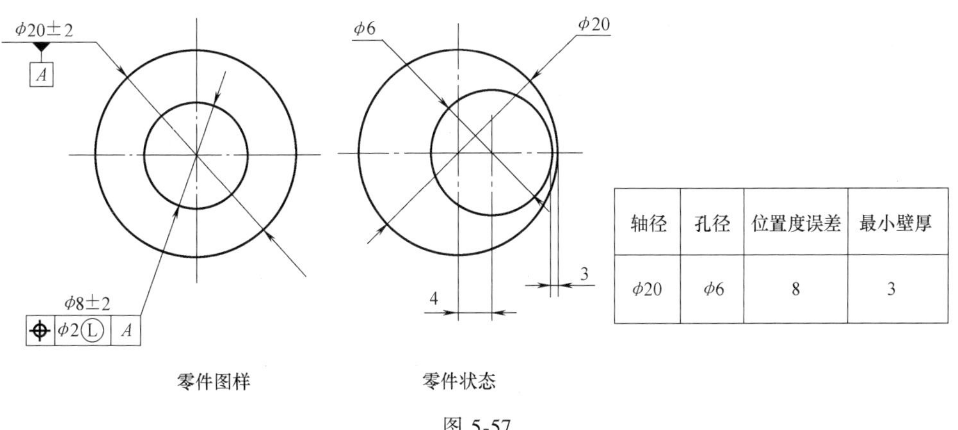

轴径	孔径	位置度误差	最小壁厚
φ20	φ6	8	3

图 5-57

杨风在仔细深入研究后，发现了一个可以解释这种现象的图形。详情如图 5-58 所示：假设内孔值为 ϕ6mm、轴径为 ϕ18mm，那么孔可以向任意方向移动 3mm，保证壁厚是 3mm；现在假定内孔已经向右偏移了 3mm；并且此时轴径增大到

20mm，则最小壁厚增加到了 4mm。所以，此时在确保壁厚为 3mm 的情况下，内孔可以继续向右移动 1mm。

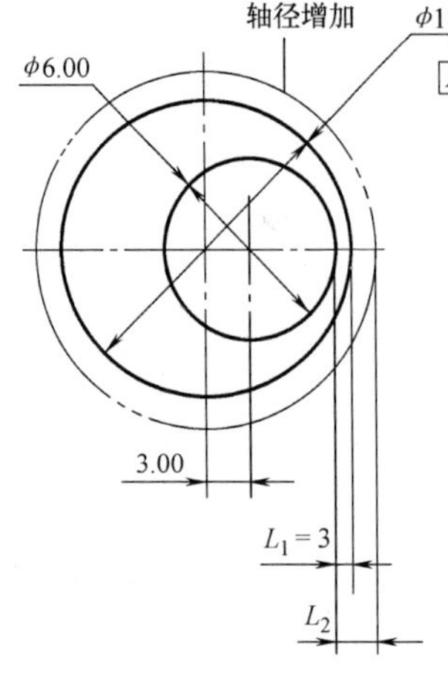

假设：内孔径值为ϕ6mm，并已经向右偏移了3mm。

轴径	孔径	壁厚	孔可继续右移	位置度允许值
ϕ18	ϕ6	$L_1=3$	0	6
ϕ20	ϕ6	$L_2=4$	1	8
ϕ22	ϕ6	$L_2=5$	2	10

图 5-58

然后，查找相应的资料后发现，LMC 基准最小实体边界的标注如图 5-59a 所示，在几何公差框格基准 *A* 后面加Ⓛ。相关技术公差式如下。

计算公式为

位置度允许值=位置度公差+孔特征补偿+轴基准补偿

孔补偿为

孔的补偿值=孔的 LMC−孔实测直径

轴基准补偿为

轴基准补偿值=轴实测直径−轴的 LMC

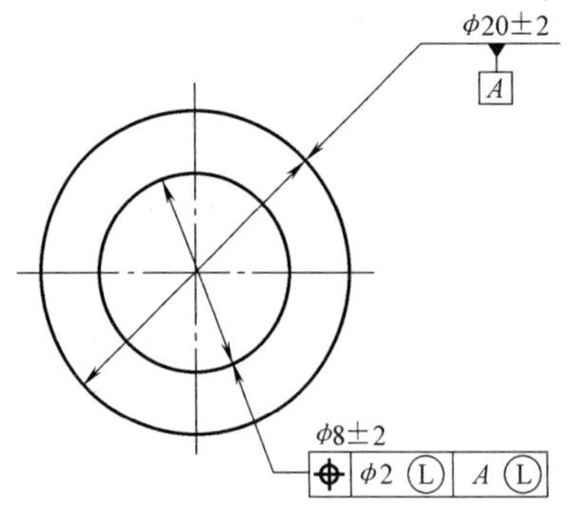

a)

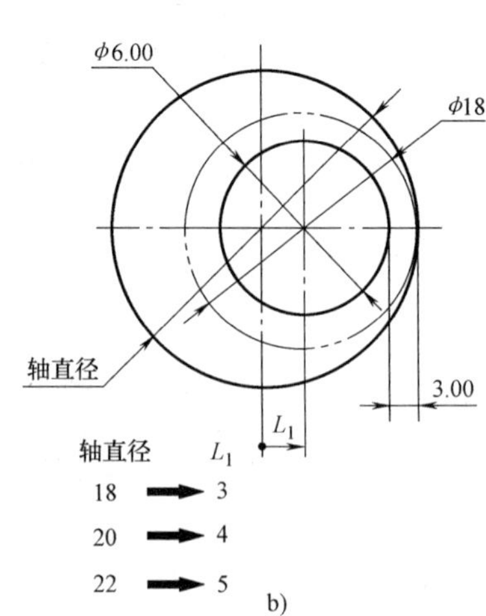

b)

图 5-59

子谦："杨风同学，你可以解释一下图 5-59 的含义吗？"

杨风思索片刻后说："当孔径为 ϕ6mm 时，为确保壁厚不小于 3，轴径的边缘进入 ϕ18mm 的圆之外；当轴径为最小值 ϕ18mm（最小实体状态）时，则内孔可以向右移动 3mm；如果轴径为最大值 ϕ20mm，则内孔可以向右移动 4mm；如果轴径为最大值 ϕ22mm（最大实体状态），则内孔可以向右移动 5mm。"

5.3.3 自由状态Ⓕ

如图 5-60 所示，基准符号后面标注Ⓕ的含义如下：技术要求规定整个零件在定位夹紧后测量，而第二行几何公差框格标注有Ⓕ，则第二行的要求在基准 *A* 未夹紧的状态下测量。

Ⓕ还有另外两种应用。

1）位于几何公差值后面，其作用与标注在线性尺寸公差后面一样。

2）位于线性尺寸公差后面，参见 2.3.3 节。

参考标准：GB/T 1182—2018、ASME Y14.5—2018（6.3.20 节）、ISO 1101：2017。

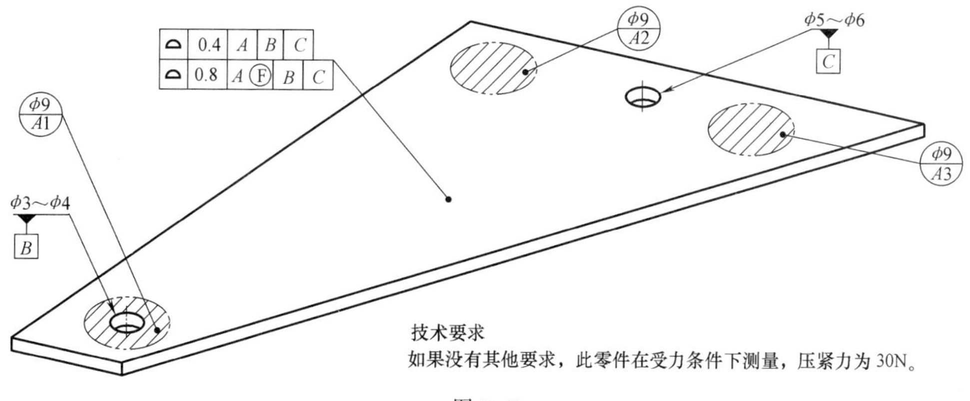

图 5-60

5.3.4 旋转止动类零件基准模拟体

1. 需要补充的两个知识点。

（1）旋转止动类零件与止动基准　有以下特点。

1）第一或第二基准是孔/轴，所以可以建立一个基准轴 *A*，则零件可以围绕此轴旋转。

2）后序基准 *B*，约束零件绕基准 *A* 轴的旋转自由度。

3）由于基准 *B* 有阻止零件旋转的作用，所以称为止动基准。

如果某个零件具备上面 1）、2）两条的特点，它就是要讨论的旋转止动类零件。

（2）最大实体边界和最小实体边界的概念　在引用止动基准建立基准系时，情况较为复杂。为方便理解，必须先了解一下最大实体边界和最小实体边界的概念。如图 5-61 所示，一方面基准 *B* 面到基准 *A* 的竖直方向上理论距离是 5mm；另一方面基准 *B* 面的轮廓度是 0.8mm。所以，基准 *B* 的实际表面到基准 *A* 的距离范围在 4.6~5.4mm 之间。当距离是 4.6mm 时，材料最多并且边界到达图中 MMB 位置，称为最大实体边界；当距离是 5.4mm 时，材料最少并且边界到达图中 LMB 位置，称为最小实体边界。

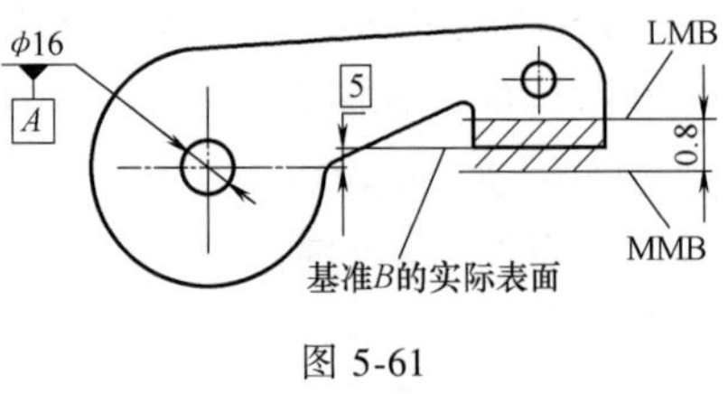

图 5-61

2. 止动基准与基准模拟体的应用

在引用止动基准建立基准系时，基准模拟体有 5 种常见应用，分别如下。

1）最大实体边界，如图 5-62 所示，基准符号后面用Ⓜ。

Ⓜ的作用是确保满足装配功能的情况下，获得更多可以使用的零件。此时，基准模拟体的位置固定在图中 MMB 最大实体边界的位置上。

参考标准：ASME Y14.5—2018（7.11.6 节）。

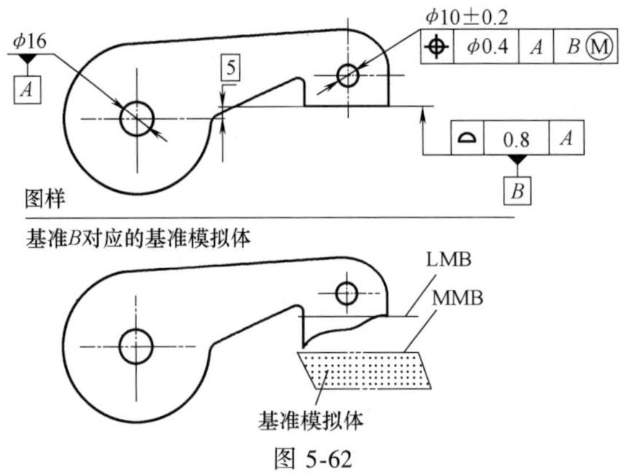

图 5-62

2）最小实体边界，如图 5-63 所示，基准符号后面用Ⓛ。

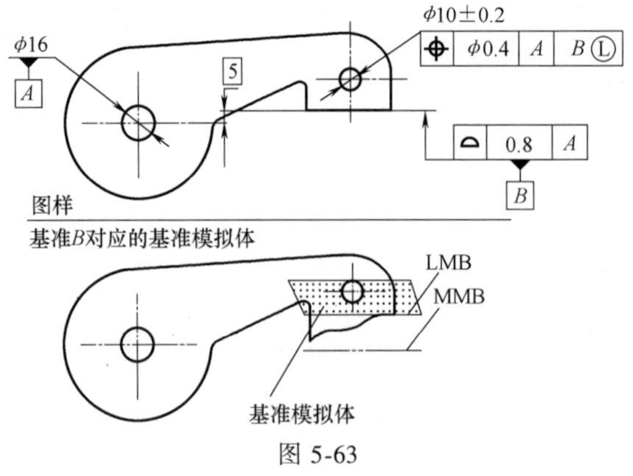

图 5-63

Ⓛ的作用是确保强度或加工余量的情况下，获得更多可以使用的零件。此时，基准模拟体的位置固定在图中 LMB 最小实体边界的位置上。

参考标准：ASME Y14. 5—2018（7. 11. 8 节）。

3）零件实际边界，如图 5-64 所示，不用任何符号。

参考标准：ASME Y14. 5—2018（7. 11. 9 节）。

> **注意：**① 如图 5-64 所示，基准模拟体保持与经过 *A* 基准的水平线平行。
> ② 基准模拟体是移动的，从 MMB 位置向 LMB 位置移动，在移动中找到一个位置，这个位置使基准模拟体与基准 *B* 的实际表面贴合程度最高。这时，基准模拟体的位置就是基准 *B*。

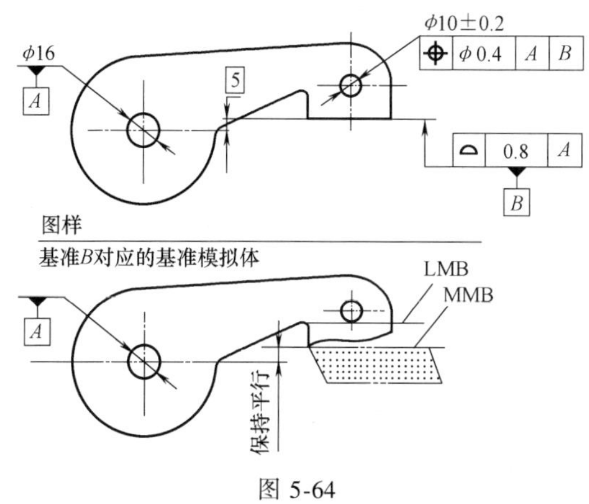

图 5-64

4）固定配合件边界，如图 5-65 所示，基准符号后面用［BSC］。

［BSC］是英文单词 Basic 的缩写。此时，基准 *B* 模拟体的位置固定在图 5-65 中所示位置，保持与 *A* 基准的中心线平行且距离是 5mm。

参考标准：ASME Y14. 5—2018（7. 11. 10 节）。

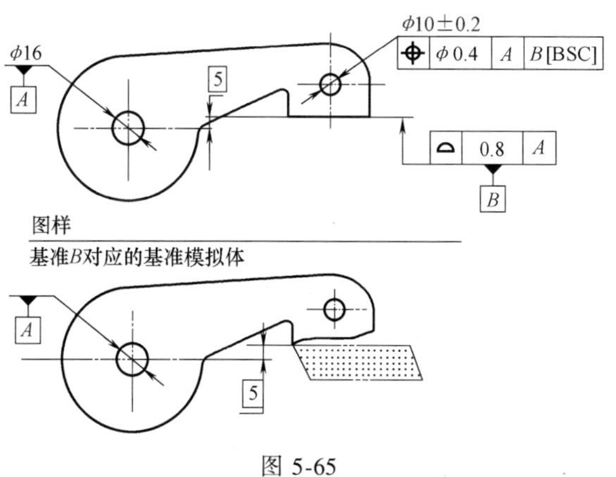

图 5-65

5）指定配合件形状和尺寸，如图 5-66 所示，基准符号后面用［ ］内加形状符号和尺寸表示。

当基准模拟体边界不明确或者需要另外定义时，可以采用这种方式。可以将基准模拟体定义为圆柱、球、半圆等。例如，图 5-66 中定义基准模拟体为 ϕ29mm 的圆柱，但请标注在中括号内。

参考标准：ASME Y14.5—2018（7.11.10 节）。

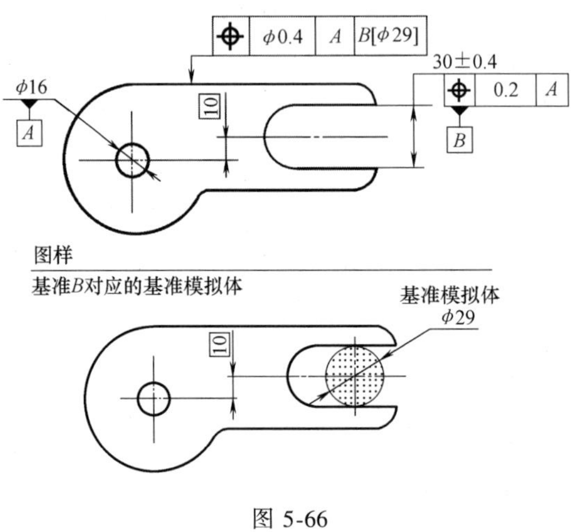

图 5-66

5.3.5 基准移动▷[1,0,0]

应用于基准模拟体允许移动的情况。图 5-67 中标注的意义如图 5-68 所示。

几何公差框格 | ⌖ | φ0.8 | A | BⓂ | CⓂ▷[0,1,0] | 中的基准系是 A、B、C，建立基准模拟体，如图 5-68 所示，B 基准模拟体不动，C 基准模拟体可以沿 Y 轴矢量移动，移动范围是 0～+1mm。要点如下。

1）标注基准移动符号时需要在图样上画出 X、Y 和 Z 这 3 个轴及方向，三维和二维图样都有此要求。

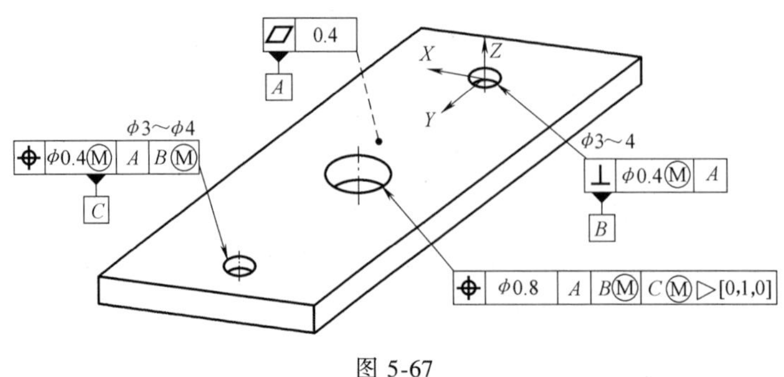

图 5-67

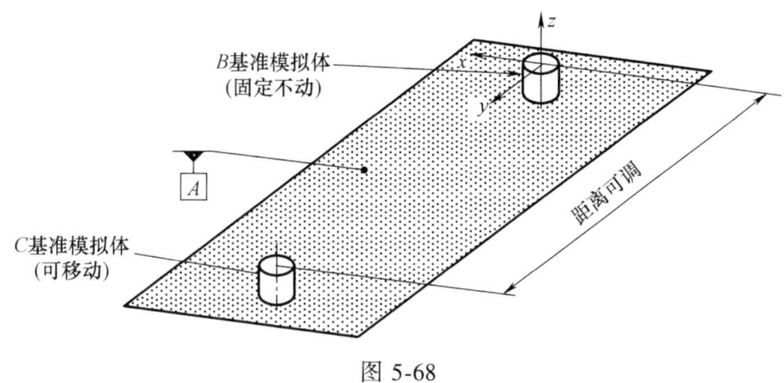

图 5-68

2）基准移动符号需标注在其他基准修饰符号后面。

3）3 个轴的矢量移动量标注在中括号内，并紧跟在基准移动符号后面。

4）[　] 括号内第一个数字代表 X 的移动量，第二个数字代表 Y 的移动量，第三个数字代表 Z 的移动量。同时是矢量，正值表示向轴的正向移动，反之则向负方向移动。

5）基准移动符号后未标注矢量移动量时，对应基准模拟体的移动范围可以取基准对象自身的几何公差值。

参考标准：ASME Y14.5—2018（7.11.12 节）。

5.4　GB 和 ISO 标准取点方式和基准拟合要素定义

5.4.1　任意纵截面［ALS］

如图 5-69 所示，基准符号 A 后面的符号［ALS］的意义：建立基准形体 A 的任意纵截面（截面穿过轴线），此截面与基准表面形成两条相交的直线，然后用这两条直线建立基准 A。

参考标准：ISO 5459：2011。

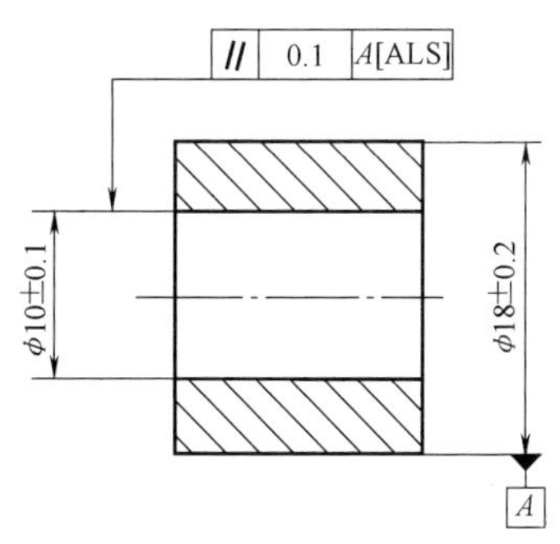

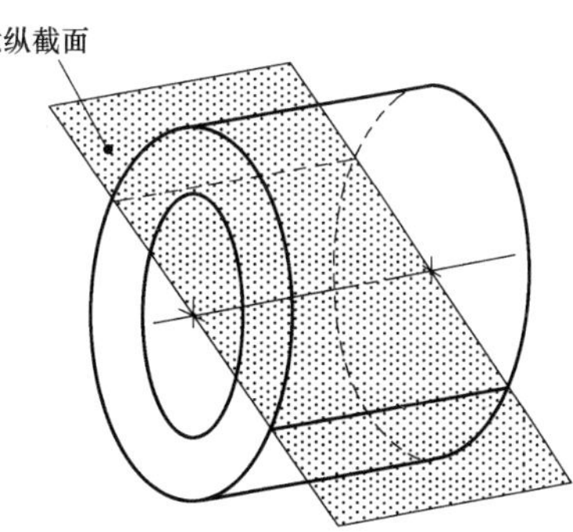

图 5-69

5.4.2 任意横截面［ACS］

如图 5-70 所示，基准符号 *A* 后面的符号［ACS］的意义：建立基准形体 *A* 的任意横截面（截面垂直于轴线），此截面与基准表面形成一个相交的圆，然后用这个圆建立基准 *A*。

参考标准：ISO 5459：2011。

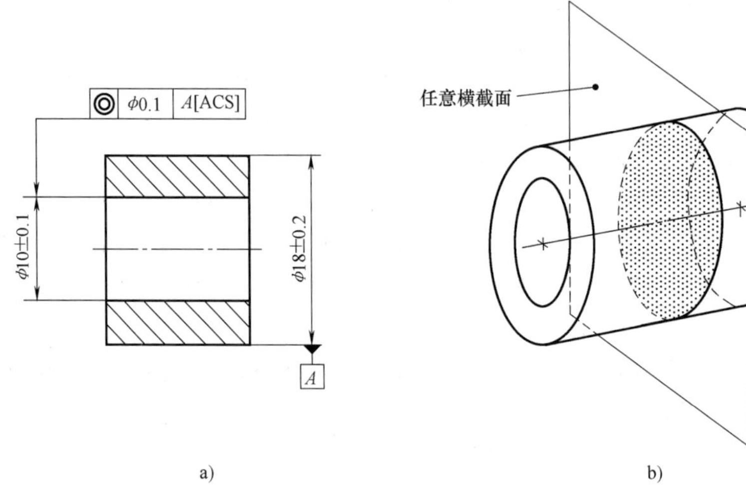

图 5-70

5.4.3 中径/节径［PD］

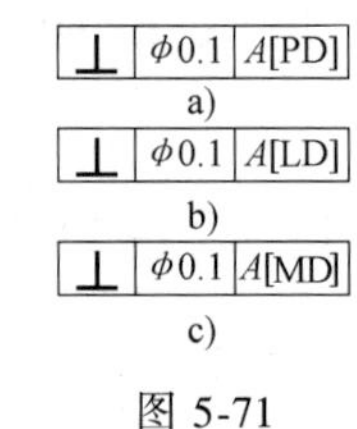

图 5-71

中径/节径用于 GB 和 ISO 标准。

如图 5-71a 所示，用基准形体的中径建立基准 *A*。

参考标准：GB/T 1182—2018、ISO 5459：2011。

注意：其效果与 3.5.3 节中标注一致。

5.4.4 小径［LD］

［LD］仅用于 GB 和 ISO 标准。如图 5-71b 所示，用基准形体的小径建立基准 *A*。

参考标准：GB/T 1182—2018、ISO 5459：2011。

注意：其效果与 3.5.1 节中标注一致。

5.4.5 大径［MD］

［MD］仅用于 GB 和 ISO 标准。如图 5-71c 所示，用基准形体的大径建立基准 *A*。

参考标准：GB/T 1182—2018、ISO 5459：2011。

> **注意：**其效果与 3.5.2 节中标注一致。

5.4.6　接触要素［CF］

［CF］仅用于 GB 和 ISO 标准。如图 5-72 所示，通常基准后无［CF］标志时，基准拟合要素按其公称表面建立。基准拟合要素需要另外指定时才用［CF］拟合。

第一种情况，如图 5-72a 所示，用两个有角度的平面（接触要素）来建立拟合要素。

第二种情况，如果接触要素不明确，可以用双点画线表示，如图 5-72b 所示。

参考标准：GB/T 1182—2018、ISO 5459：2011。

> **注意：**此处的“基准拟合要素”与 ASME 标准中的“基准模拟体”有异曲同工之妙。

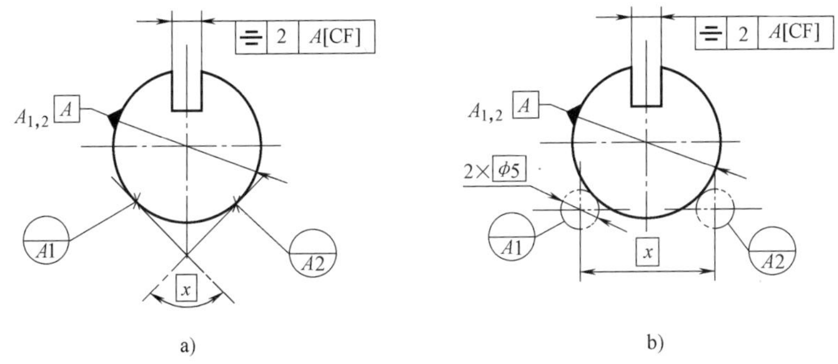

图 5-72

5.5　几何公差框格周边的补充信息

5.5.1　区间符号←→

本符号表示公差值应用的开始和结束范围，应用时需配合几何公差框格。

例如，4.7.2 节“渐变公差范围”。4.6.1 节“选择形体某部分进行控制”。

5.5.2　同时要求 SIM REQT

同时要求（Simultaneous Requirement）仅应用于 ASME 标准。

同一装配基准系下，两个以上（包括两个）的单一或成组要素标注了同样的位置几何公差时，将这些要素当作一个成组要素理解。图 5-73 所示的要求表达于图 5-74 中，两孔的中心连线和键槽中心面之间需要保持垂直关系，并且键槽中心面经过孔中心连线的中间位置。

5.5.2 同时、非同时要求

> **注意：** 1）此要求不标注的情况下默认遵守。
> 2）复合公差框格的下行必须标注，如果不标注 SIM REQT，则不用遵守此要求。

参考标准：ASME Y14.5—2018（7.19 节）。

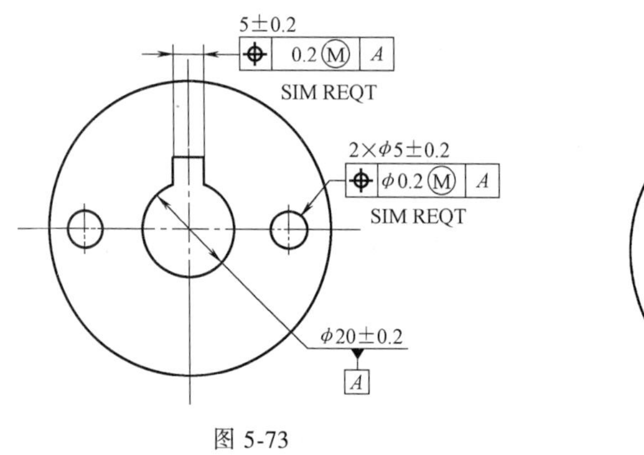

图 5-73

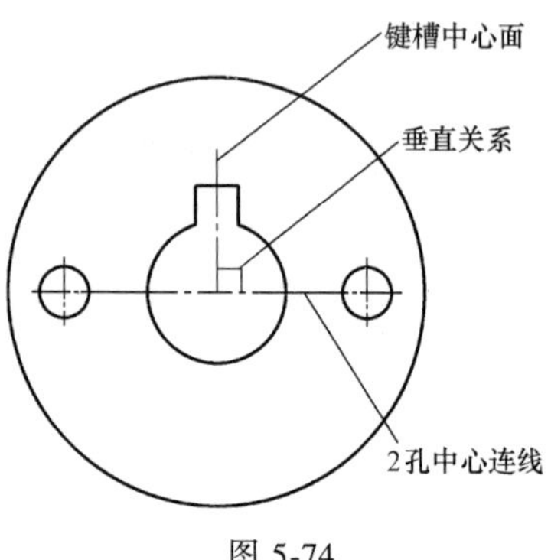

图 5-74

5.5.3 分离要求 SEP REQT

分离要求（Separate Requirement）仅应用于 ASME 标准。

当零件不允许遵守 5.5.2 节中的同时要求时，需标注 SEP REQT，表示分离要求。如图 5-75 所示，两孔的中心连线和键槽中心面之间不需要保持垂直关系。

参考标准：ASME Y14.5—2018（7.19 节）。

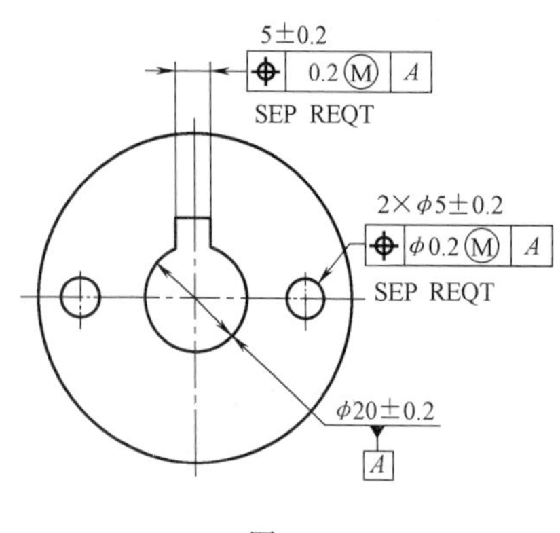

图 5-75

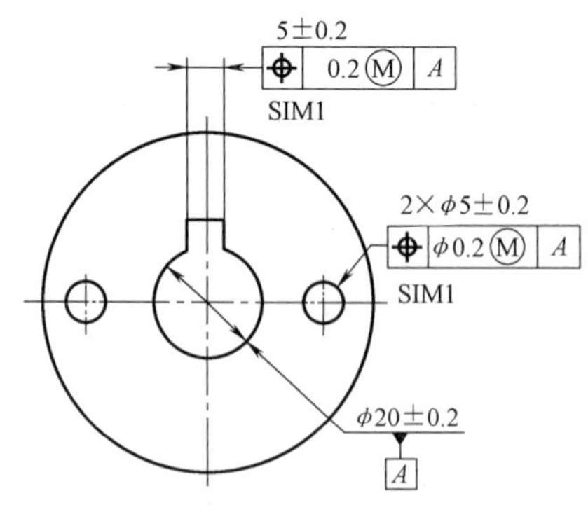

图 5-76

5.5.4 同时性要求 SIM

5.5.4 同时性要求

同时性要求用于 GB 和 ISO 标准。

当一个组成要素是多重组合时，即由多个（包括两个）单一或

成组要素同时组成时，需要标注同时性要求符号 SIMi（i 表示序号）。

像图 5-76 中符号 SIM1 的作用，两孔的中心连线和键槽中心面之间需要保持位置和方向关系，并且键槽中心面经过孔中心连线的中间位置。

参考标准：GB/T 13319—2020、ISO 5458：2017。

> **注意：** 1）此标注功能等同于 ASME 的同时要求（本书 5.5.2 节）。
> 2）不标注 SIMi，则无须遵守上述要求。

5.6 公差带方向的补充定义

公差带方向的补充定义符号用于解决以下两种问题，其符号见表 5-5。

表 5-5

序号	符　　号	名　　称	工 程 作 用
1	◁// B　◁⊥ B　◁∠ B　◁≡ B	相交平面	定义线要素公差带走向
2	◁// B▷　◁⊥ B▷　◁∠ B▷	定向平面	定义中心线要素公差带走向
3	←// C　←⊥ C　←∠ C　←↗ C	方向要素	定义公差带宽带方向
4	○// A	组合平面	定义全周控制对象的走向

第一，公差带控制对象未明确指出。虽然图 5-77 和图 5-78 中几何公差框格指引线都标注了“全周”符号。但是，图 5-77 的控制对象未明确指出，可能是图 5-79 中的 a、b、c 和 d 四个面，也可能是 e、b、f 和 d 四个面；图 5-78 的控制对象非常明确，是图 5-79 中的 a、b、c 和 d 四个面。

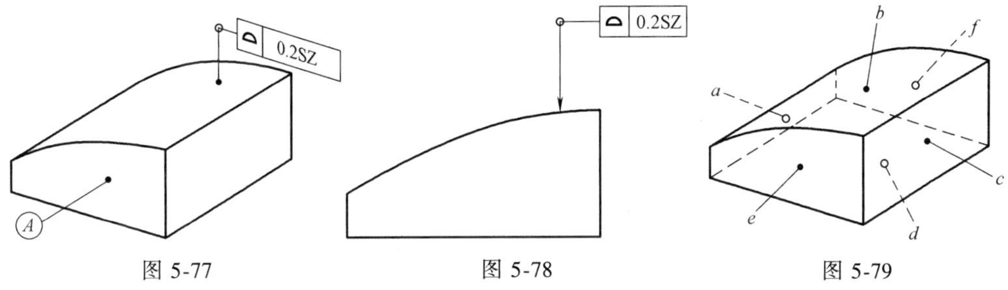

图 5-77　　图 5-78　　图 5-79

第二，基准系未能完全锁定公差带的自由度。如果图 5-80 左图未标注相交平面符号 ◁// A，则直线度公差带所在的平面可以与基准 A 平行（0°，图 5-80 右图），也可以垂直（90°，图 5-81 右图），甚至可以与基准 A 形成 0°到 90°之间的任意角度。

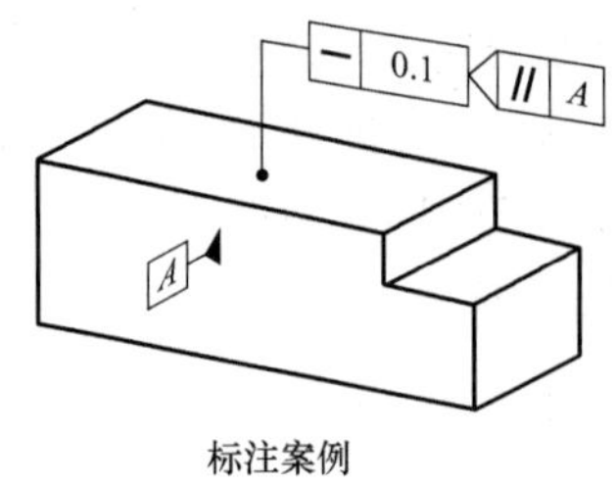

标注案例

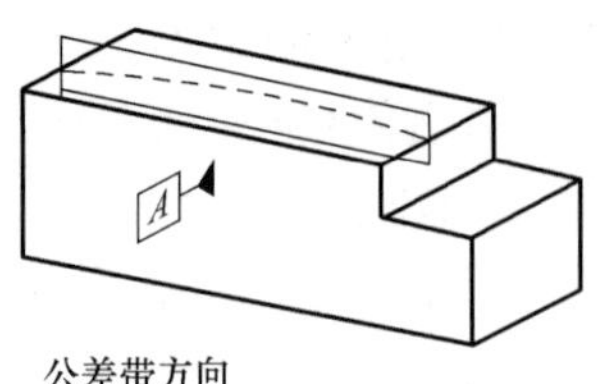

公差带方向

图 5-80

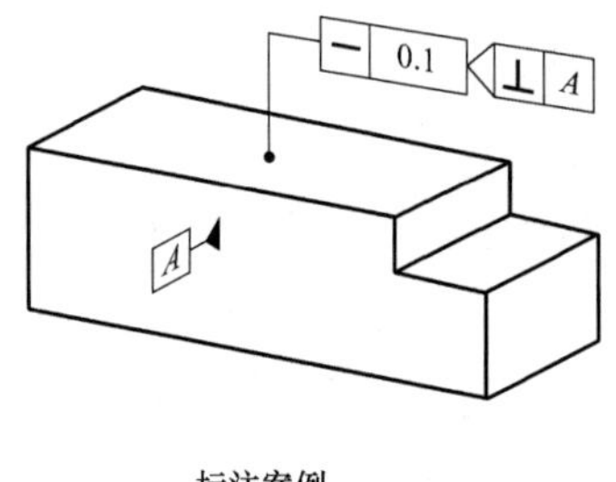

标注案例

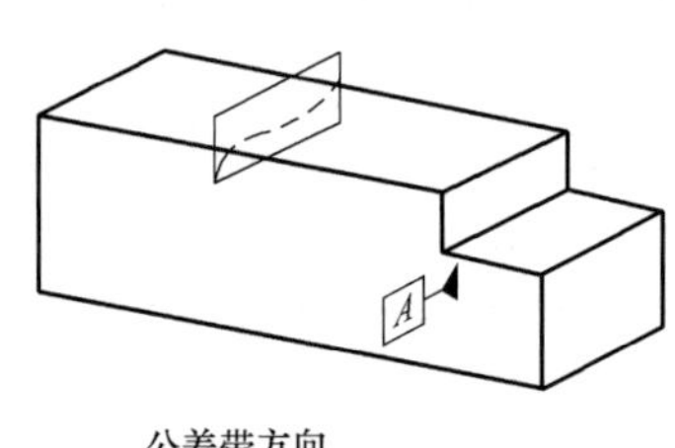

公差带方向

图 5-81

5.6.1 相交平面

控制对象：线要素，包括回转体表面和平面上的直线和曲线。

标注符号：表 5-5 第 1 行。

应用案例：1）公差带所在平面平行于指定基准（图 5-80）。

2）公差带所在平面垂直于指定基准（图 5-81）。

3）公差带所在平面对称分布于指定基准（图 5-82）。

参考标准：GB/T 1182—2018、ISO 1101—2017。

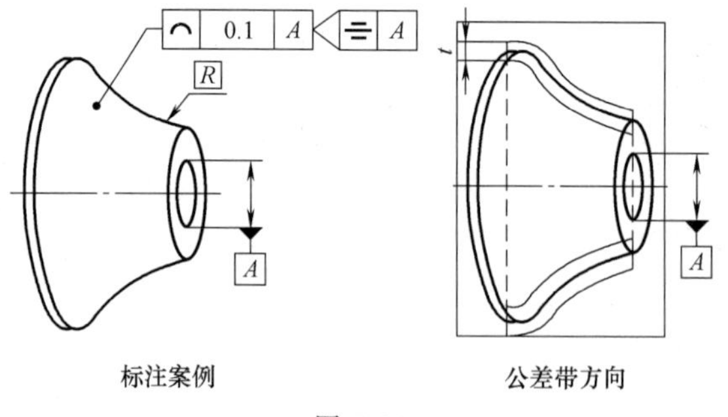

标注案例　　公差带方向

图 5-82

5.6.2 定向平面

控制对象：中心线要素，其公差带宽度由两平行平面或圆柱组成。

标注符号：表 5-5 第 2 行。

应用案例：1）公差带所在平面垂直于指定基准（图 5-83）。

2）公差带所在平面平行于指定基准（图 5-84）。

3）上面两种情况联合应用情况（图 5-85）。

参考标准：GB/T 1182—2018、ISO 1101—2017。

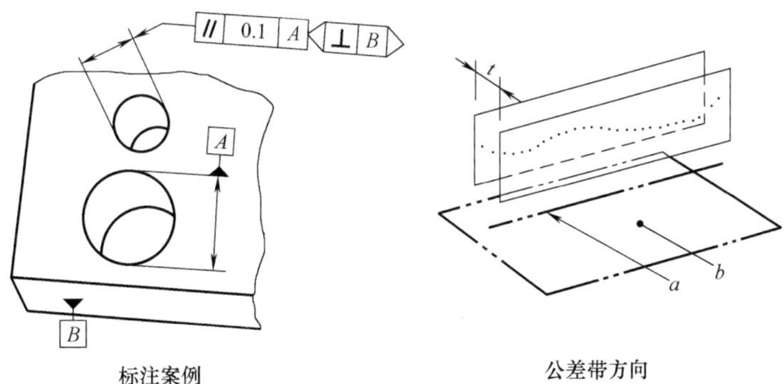

图 5-83

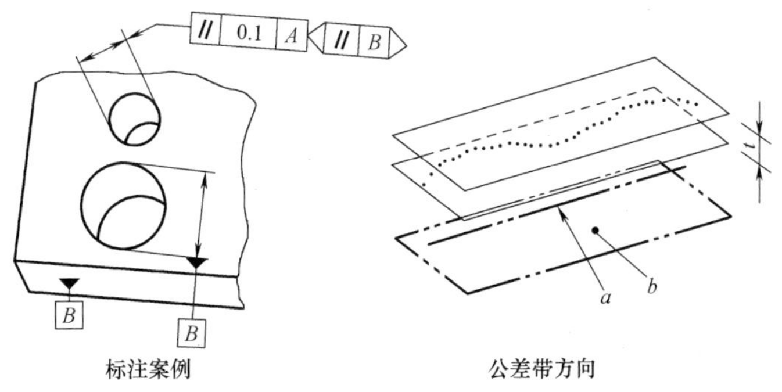

图 5-84

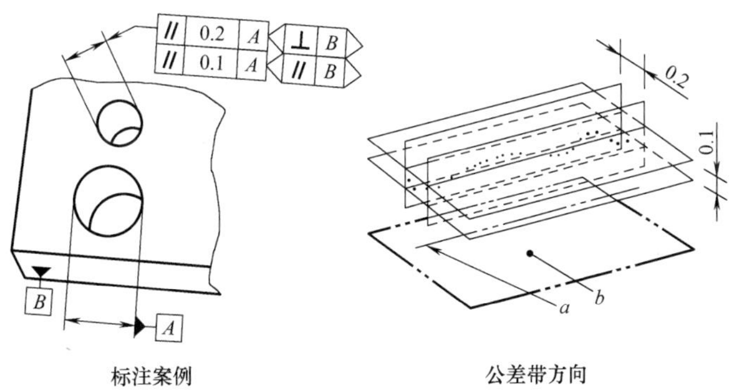

图 5-85

5.6.3 方向要素

应用对象：公差带宽度方向。

应用说明：正常情况下，公差带宽度方向垂直于被测要素表面（法向）。如果期望不垂直，则用此符号标注并明确定义公差带宽度方向。

标注符号：表 5-5 第 3 行。

应用案例：1）用倾斜度和 α 角度定义公差带方向（图 5-86）。

2）用垂直度定义公差带方向（图 5-87）。

3）用跳动定义公差带方向（图 5-88）。

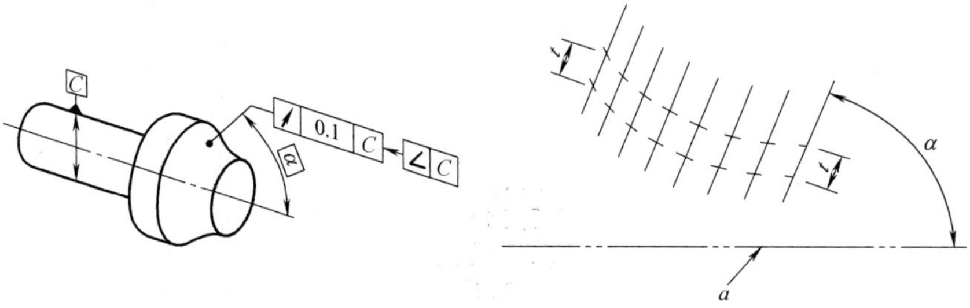

标注案例　　公差带方向

图 5-86

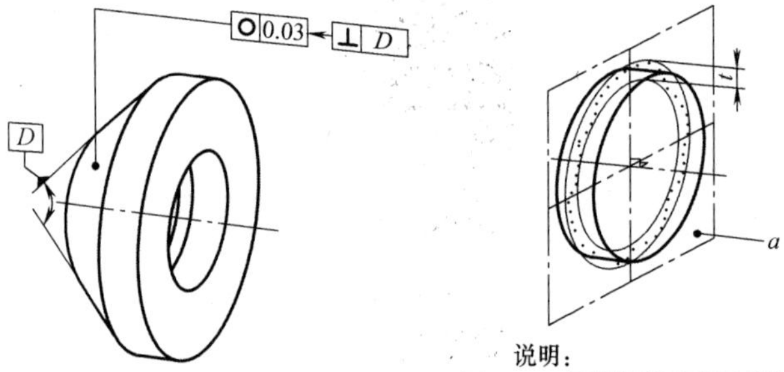

说明：
a— 任意相交平面(任意横截面)。

标注案例　　公差带方向

图 5-87

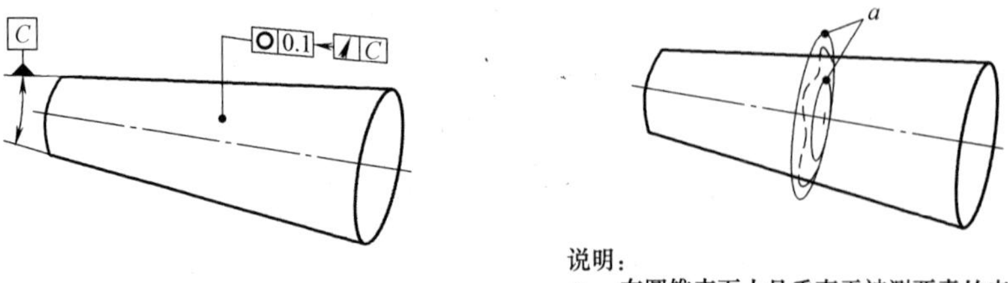

说明：
a— 在圆锥表面上且垂直于被测要素的表面。

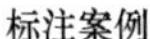

标注案例　　公差带方向

图 5-88

参考标准：GB/T 1182—2018、ISO 1101—2017。

5.6.4　组合平面

应用前提：指引线有“全周”符号。

作用：标识“全周”标注符号所包含的要素（控制对象）的走向。在图 5-77 中几何公差框格后面加符号○| // | A |，则明确表达控制对象为图 5-79 中的 *a*、*b*、*c* 和 *d* 四个面。

思　考　题

5-1　选择题

1）平行度可以用（　　）调整。

A. 最大实体要素　　　　B. 最小实体要素

C. 贴切要素　　　　　　D. 以上都行

2）延伸公差带的延伸值由（　　）决定。

A. 螺纹孔深度的一半　　B. 配合零件的厚度

C. 配合螺栓的长度　　　D. 螺栓直径

3）几何公差符号中的公差值后面，绝对不允许采用最大实体补偿的是（　　）。

A. 位置度　　　　　　　B. 平行度

C. 轮廓度　　　　　　　D. 直线度

5-2　填空题

ISO 标准中为表示图题 5-1 中两面共面，应增加________符号，ASME 中具有相同作用的概念是________。

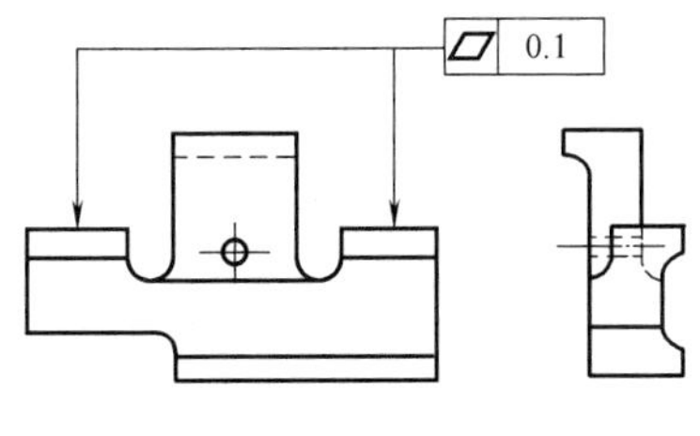

题图 5-1

5-3　判断题

| ⌓ | 0.5Ⓜ | A | B | C | 意思是轮廓度的公差可以得到最大实体补偿。　　（　　）

5-4　仔细阅读此零件图（题图 5-2），判断题表 5-1 中的测量结果是否正确。

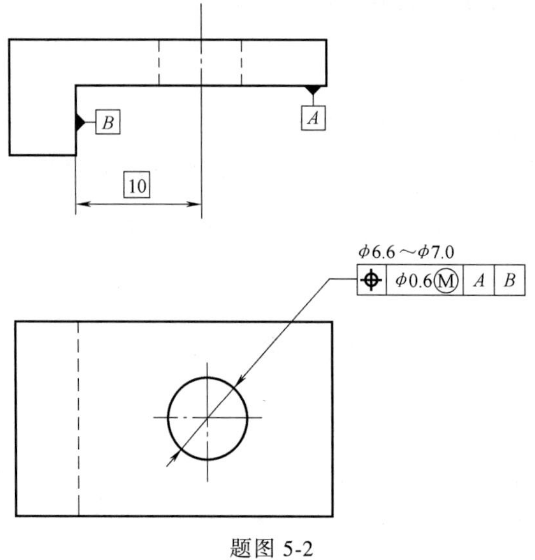

题图 5-2

题表 5-1　测量结果

序　　号	直径报告/mm	位置度报告/mm	"合格"或"不合格"
1	6. 6	0. 5	
2	6. 7	0. 7	
3	6. 8	0. 9	
4	6. 9	0. 9	
5	6. 99	0. 99	
6	7. 0	1. 1	
7	6. 5	0. 3	

5-5　请画出下面两种不同标注的公差带（题图 5-3 和题图 5-4），研究两种标注的不同。

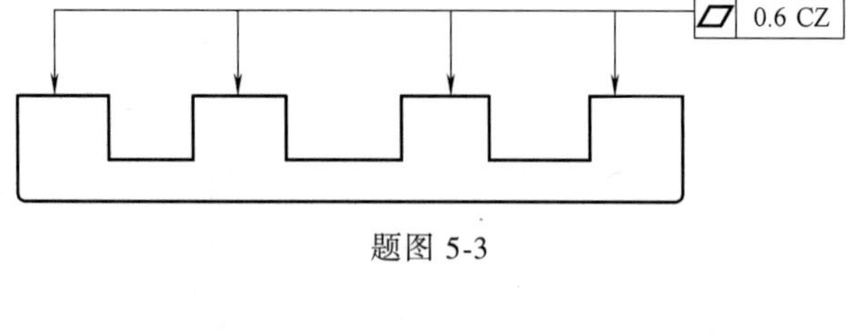

题图 5-3

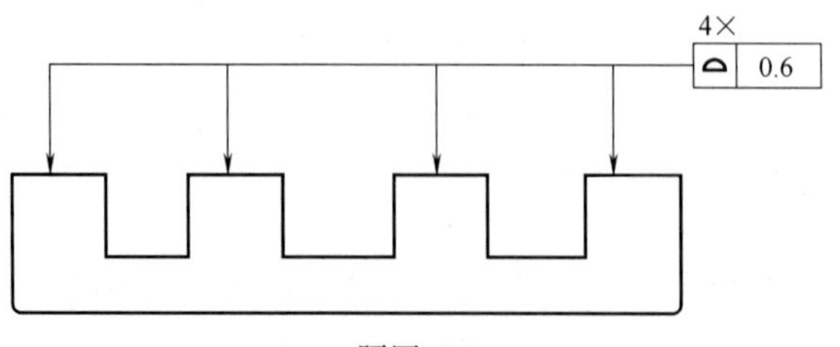

题图 5-4

5-6　计算题图 5-5 中 X 的最大值和最小值。

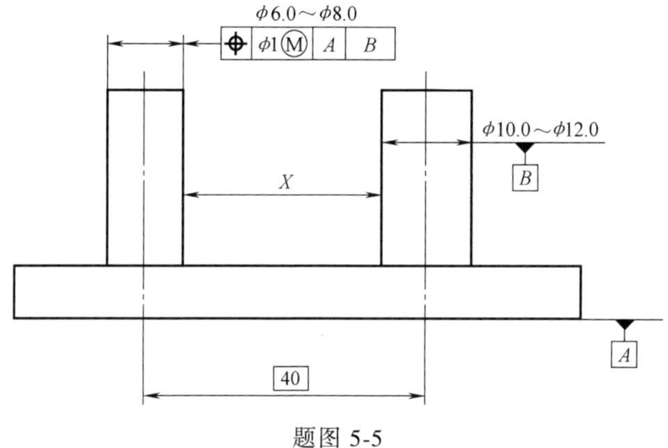

题图 5-5

5-7　题图 5-6 中轮廓度公差值“0.4”后面是否可以加Ⓜ？画出轮廓度的公差带。

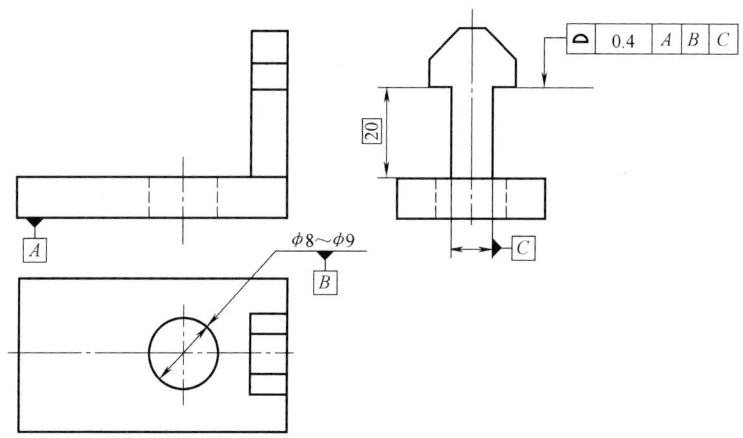

题图 5-6

5-8　请结合题图 5-7，画出下面两图（题图 5-7 和题图 5-8）轮廓度在基准 B、C 补偿后的公差带。

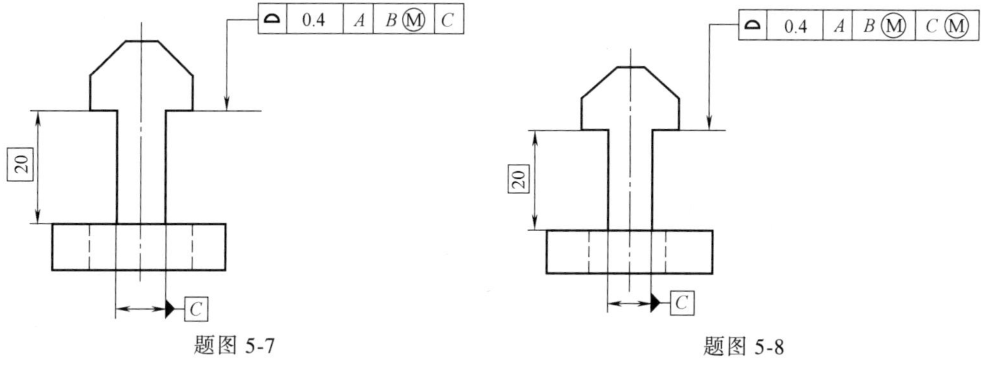

题图 5-7　　题图 5-8

5-9　请观察题图 5-9 中的公差带宽和位置，比较与图 5-16 中标注的区别。

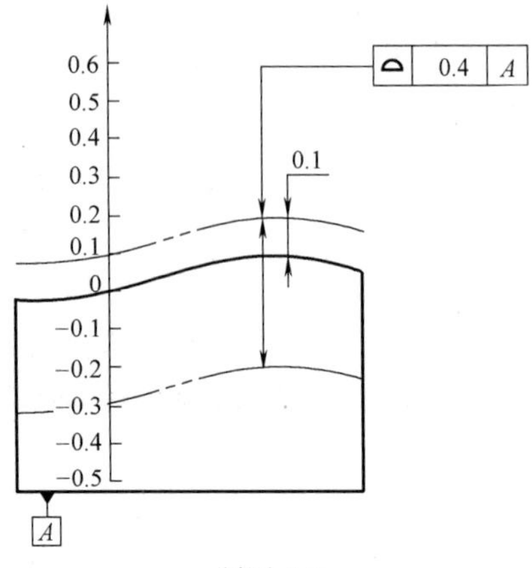

题图 5-9

5-10　请为题图 5-10 和题图 5-11 绘制公差带。

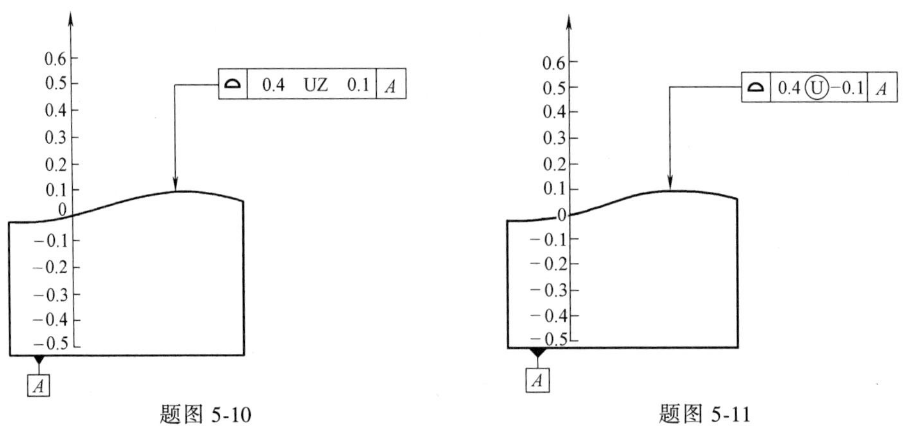

题图 5-10　　题图 5-11

5-11　请思考：偏置公差Ⓤ、UZ 的应用有什么好处？”

5-12　图 5-18 中加上Ⓣ后有什么好处？

5-13　图 5-18 中最低点 Y 是否会影响装配后配合件的位置和方向？

5-14　请思考是否有其他标注方法，可以得到与题图 5-12 中等效的效果。

5-15　请思考是否有其他标注方法，可以得到与题图 5-13 中等效的效果。

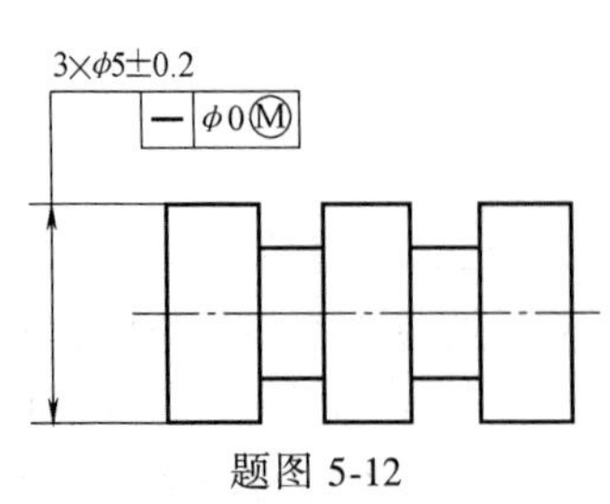

题图 5-12

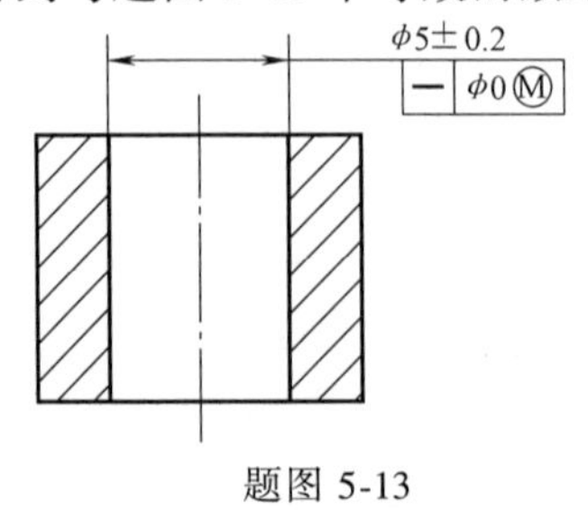

题图 5-13

第6章

公差应用思路

子谦已在 WRT 公司工作 6 年了，公司的生产部门和工艺部门合并为制造部门，由子谦负责。

子谦刚上任，就遇到了麻烦事，履带自动装配 7 号线就发生了问题，在履带最后拉伸检验工序中设备异常报警，导致出现 5%的拒收产品，严重影响制造成本，如果人工挑选会产生额外成本和很高的人工失误率，这个问题需要制造部门和设备部门共同协作才可以解决，关键是目前设备经理暂时空缺，设备工程师们群龙无首。

子谦坐在茶水间喝咖啡的时候，突然想起了上个月参加的培训，用教练式工作方式解决跨部门协作问题。

而当下的情况概述如下：

1）问题真实。

2）问题复杂。

3）解决方案不明确，需要集思广益。

4）需要部门协作。

相关条件正好可以用教练式工作方式来解决，于是子谦开始计划如何实施。

子谦来到现场，了解了相关情况后发出了会议邀请。相关人员来到会议室后，子谦在黑板上画出表格（表 6-1）。

表 6-1　教练式工作方式表格

问　　题	目　　标	困难/可能的原因	方　　案	负责人

子谦："各位，目前情况总体来看是自动装配 7 号线异常，拒收率高达 5%，影响我们的交付和制造成本，我相信大家都为此而头疼，我们的考核指标都面临着

巨大压力，所以今天请各位来的目的是共同讨论解决问题的方法，拜托了！嗯，看一下黑板上的表格，我们今天换个新玩法，从左到右逐一填写，并且接受方法任何人的建议和问题，好吗？”

生产线的员工：“工时和合格率受到冲击，原因是履带生产线检测站异常报警。”

过程质量：“生产线拒收5%的合格产品。”

客户质量：“人工目检会导致不良品流出且风险极大。”

设备工程师：“原因不明，需要超过2h以上的诊断时间。”

子谦：“还有呢？”

……

大家相继讨论完，子谦逐一记录在黑板上（表6-2）。

表6-2 问题记录

问　　题	目　　标	困难/可能的原因	方　　案	负责人
①履带生产线检测站异常报警				
②拒收5%的合格产品				
③人工目检会导致不良品流出且风险极大				
④诊断时间长				
⋮				

子谦：“谢谢各位的信息，让我们了解了真实情况。嗯，那我们设定一下目标，面对这个问题我们想达到什么结果呢？”

设备部：“生产线多长时间修好？”

生产线：“一天内设备修好。”

质量部：“检测站正常工作。”

质量部：“取消人工目检。”

子谦：“还有呢？”

……

子谦逐一记录大家的期望和目标（表6-3）。

表6-3 期望和目标记录

问　　题	目　　标	困难/可能的原因	方　　案	负责人
①履带生产线检测站异常报警	①设备检验正常			
②拒收5%的合格产品	②一天内修好设备			
③人工目检会导致不良品流出且风险极大	③取消人工目检			
④诊断时间长				
⋮				

子谦问：“那我们目前的困难和可能的原因是什么呢？”

设备部：“可能的原因一，主电源线有多个接头干扰电压。”

设备部：“可能的原因二，传感器失效。”

设备部：“可能的原因三，传感器检测值漂移出设定值。”

生产部：“生产线计划已满，很难挤出额外机修时间。”

设备部：“本月设备维修时间超标。”

设备部：“如果今天修，机修人员不够。”

子谦：“还有呢？”

……

子谦逐一记录下大家的困难/可能的原因（表6-4）。

表 6-4　困难/可能的原因记录

问　　题	目　　标	困难/可能的原因	方　　案	负责人
①履带生产线检测站异常报警	①设备检验正常	①生产线计划满		
②拒收5%的合格产品	②一天内修好设备	②本月设备维修时间超标		
③人工目检会导致不良品流出且风险极大	③取消人工目检	③主电源线有多个接头干扰电源频率		
④诊断时间长		④传感器失效		
⋮		⑤传感器检测值漂移出设定值		

子谦：“好的，谢谢各位帮我们理出了目前面临的困难，同时我们也有了可能的原因追查方向。那我们一起来看看，有哪些可行的方法和好主意呢？”

生产部：“对于生产时间紧，我们可以通过员工轮换吃饭和休息来挤出时间，保证产量，同时机修时可以将7号线的工装移到控制的4号线，这样可以满足交付。”

设备部：“对于人员，生产部可以派老员工帮忙支持下吗？哪怕是一个人也行。”

工艺部：“好的，今天我们派工程师加班，帮助机修，减少生产线的人员压力。”

子谦：“太好了，我们太需要这种国际主义精神了，为表示感谢，我决定今晚修好设备之后，邀请工艺部和设备部的同事吃一顿，我个人买单，如何？”

一片呼声，质量部也忍不住了。

质量部：“晚上带上我们，我们检验员可以帮生产部一同检验设备拒收的产品，减轻生产人员的压力。”

子谦：“还有呢？”

……

就这样，子谦一边问，一边填表（表6-5），很快就制订了行动方案和执行人。

表 6-5　制订行动方案和执行人

问　　题	目　　标	困难/可能的原因	方　　案	负责人
①履带生产线检测站异常报警	①设备检验正常	①生产线计划满	①牺牲休息时间挤出时间，保证产量	生产
②拒收5%的合格产品	②一天内修好设备	②本月设备维修时间超标	②晚上维修（前提：子谦管夜宵）	子谦
③人工目检会导致不良品流出且风险极大	③取消人工目检	③主电源线有多个接头干扰电源频率	③主电源线更换会导致第二车间停产（放弃调查）	（放弃调查）
④诊断时间长		④传感器失效	④人工失效件验证	维修
⋮		⑤传感器检测值漂移出设定值	⑤重新校准检测值，设定在6σ内	维修

晚上八点，工人完成第二天上午要交付的产品后停机检修。大家经过4h努力，找到原因并清除了故障，重新设定了更科学的检测值，终于可以正常生产了。

大家一起开开心心地去吃夜宵。酒桌上，大家的关系似乎一下近了很多。这也是公司多年以来，设备部和制造部走得最近的一次，之前相互争吵似乎都烟消云散了。

回到家，子谦虽有解决难题后的喜悦，但同时又开始思考另外一个问题。现代企业分工明确，分工让专业的人干专业的事，很好；但也导致一个问题由几个部门共同协作才能完成，而每个部门考核指标和需求不同，最终导致部门隔阂且效率低下。那么如何能保证每次协作时，都能像今天这样通力合作呢？

6.1　质量测量相关工作

子谦同往常一样来到公司，还没到座位，就听见同事们的欢呼声："啊，我们WTR（沃尔通）被德国博士公司合并了，从此以后是"BW博沃公司"，成为世界第一汽车零部件供应商了！"

子谦："真的吗？"

同事："邮件已发到每个人的邮箱，并且说在一周内会有大的人事变动，为了让员工安心工作，还说这次变动将以不影响大家福利和待遇为前提。"

一周后，子谦收到任命书，负责同城另一家兄弟公司的质量部。

6.1.1　量具的策划思路

6.1.1 量具的策划思路

上任第一天，子谦有点紧张，因为对质量部工作内容有些陌生。一位同事拿来了两份检具采购申请表，需要子谦签字。子谦看完两份检具的图样后产生了一些疑问，如图6-1所示。

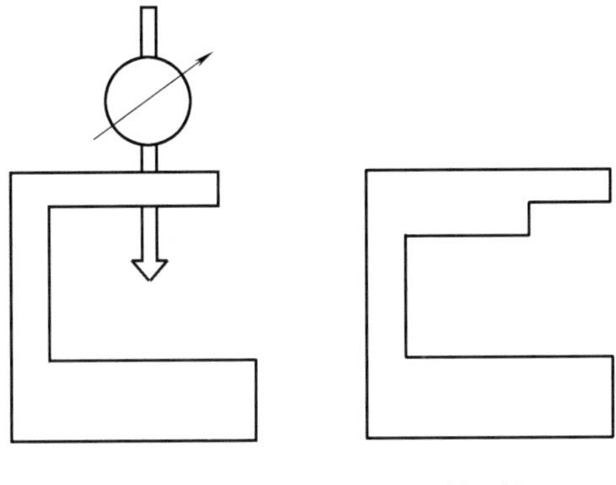

测量对象：轴
产品公差：$\phi30\pm0.06$

测量对象：轴
产品公差：$\phi28\pm0.05$

图 6-1

子谦："这两套检具的检测对象都是轴的外径，精度也接近，为什么检具不同呢？一个可以读数，一个不能读数，请问是为什么呢？"

Jack："是的，同一个尺寸可以有多种测量方法，而每种测量方法又有不同特点，所以在选择检具时，就需要工程师凭借丰富的工作经验，做出最合适的选择。"

子谦："Jack，太棒了，看起来你很有经验哦！嗯，我想知道每个工程师都能选择最合适的检具吗？"

Jack："不一定，新来的工程师可能很难选出合适的检具。"

子谦："嗯，选择检具时，有经验的工程师会在哪些方面做得比较好呢？"

Jack："来自几个方面吧，比如检具的制造成本、检具的操作效率、是否需要测量数值以及对操作员技能高低的要求等。"

子谦："嗯，看来的确有很多要考虑的地方。Jack，那么除了这些，还有什么重要的、必须考虑的地方呢？"

Jack："还有要看是哪个阶段使用的检具，原型样件、试生产，量产三个阶段对成本和效率要求也不同，这也需要考虑。"

子谦："嗯，说得好！Jack，在刚才的谈话中我们谈到了三个方面的内容：一是同一尺寸有多种测量方法；二是选择检具时要考虑的因素有成本、效率、操作技能要求等；三是不同生产阶段对检测的影响。"

Jack："对，的确是这三方面内容。你总结得很到位。"

子谦："那么，Jack，我对一个问题很好奇。我们谈到的这三个方面的内容与选择检具经验有什么关系呢？"

Jack："有很重要的关系，就是如何选择检具的工作思路，这个问题问得太好了，让我好好想一想。"

5min 后 Jack 在白板上完成了一张表（表 6-6），非常开心，内心充满了成就感，把自己多年的经验用一张图表达出来了。

Jack："啊，我终于写明白了，看这个表，左边是测量方法，中间是检具使用要考虑的因素，右边是适合用于哪些场合。"

表 6-6　检具选择经验表格

测量方式	检具投入成本	检验效率	可读数	技能要求	适用场合
	高	高	可以	中	量产中关键尺寸
	偏高	超高	否	低	量产
三坐标测量机卡尺等通用量具	低(无须新增)	低	可以	高	样件

子谦："Jack，你太棒了，总结得非常好。那么，我有一个请求，你可以把这张经验表格分享给其他同事吗？同时让他们像你一样分享各自的经验，这样可以相互学习。"

Jack："当然可以。"

看着 Jack 离开自己办公室的表情，子谦也非常开心，因为他用了不到 0.5h 的时间就给 Jack 做了一次成功的教练式对话，启发了 Jack 的创造性潜能，也激发了他的工作热情。

6.1.2　功能检具的设计思路

6.1.2 功能检具设计思路

质量工程师 Vivi 拿来了一份检具申请单，但是子谦没有在附件中找到检具的图样，所以叫来 Vivi 了解情况。

子谦："Vivi，您好，我看到您的申请单了，但是没有找到检具的图样，是不是遗漏了呀？"

Vivi："这套检具是由供应商设计的，我们只需审核图样即可，这样我们可以减少设计和调试的人工时间，提高工程师的工作效率。"

子谦："嗯，非常棒的做法。同时我有个问题，如果我们交给供应商全权负责，那么如何确保检具满足我们的要求呢？"

Vivi："是这样的，我们有一套流程，大体如下：第一步，由负责这个项目的检具质量工程师提出具体要求，如检测的具体尺寸、几何公差、批量、材质以及现场工人的操作习惯等；第二步，由供应商出方案，我们对方案进行评估并提出修改

意见；第三步，供应商制造和调试，并提供检具的检测报告；第四步，供应商到我司现场验收。”

子谦：“很好，那么在这个流程中，我们的工程师要把握的关键点有哪些呢？”

Vivi：“我们有个检具开发审查流程，称为感觉四剑式。”

子谦：“感觉四剑式？”

Vivi：“一方面，检具的英文是“gage”，音译为“感觉”；另一方面，ASME Y14.43—2003 中介绍了检具的标准设计流程，但比较复杂，我们有个外号叫“风清扬”的同事将其简化成金庸小说风格的四个剑式：一离剑式；二抄剑式；三算剑式；四除剑式。”

子谦：“太有才了，说来听听，四剑式各是什么呢？”

Vivi：“第一，离剑式，就是检具长啥样？把所有相关零件装配起来，拆除被测件，离开被测件的总成会呈现一个形状，这个形状就是检具；第二，抄剑式，就是把被测产品图样上的相关尺寸抄下来，如理论正确尺寸、几何公差框格符号和基准；第三，算剑式，就是算检测销和孔的大小；第四，除剑式，就是算检具公差，检具公差按照计量的原则是产品公差的1/10。”

子谦：“总结得非常精妙。那么，第三步是如何计算检测销和孔的大小的呢？”

Vivi：“检具计算公式为：孔的位置度检具=MMC-位置度公差；轴的位置度检具=MMC+位置度公差。”

6.1.3　量规设计

6.1.3 通止规设计

子谦：“如何设计实体尺寸的检具呢？”

Vivi：“有，我们有这样一份资料，只要在 GB/T 1957—2006《光滑极限量规　技术条件》中找到 T_1、Z_1 两个值，就可以把量规做出来了（图 6-2 和图 6-3）。”

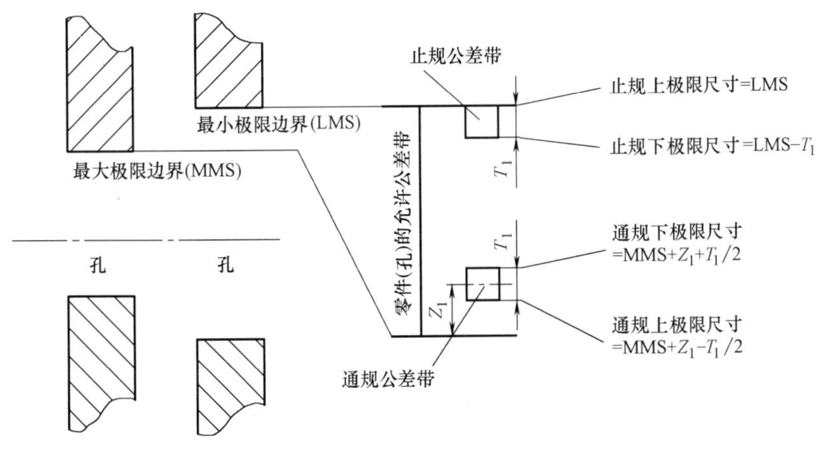

图 6-2

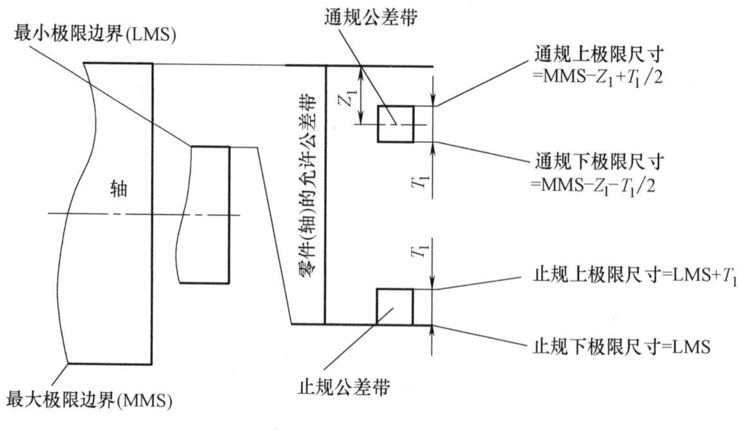

图 6-3

下面举例说明。例如，设计检验 $\phi30^{+0.033}_{0}$mm 的孔用量规。

1）根据公称尺寸和公差查表：公差等级为 IT8，Z_1 值为 0.005mm，T_1 值为 0.0034mm。

2）根据量规公差带图，计算

通规上极限尺寸 = MMS + Z_1 + T_1/2 = 30mm + 0.005mm + 0.0034mm/2 = 30.0067mm

通规下极限尺寸 = MMS + Z_1 − T_1/2 = （30 + 0.005 − 0.0034/2）mm = 30.0033mm

止规上极限尺寸 = LMS = 30.033mm

止规下极限尺寸 = LMS − T_1 = 30.033mm − 0.0034mm = 30.0296mm

表 6-7 是 GB/T 1957—2006 的内容。

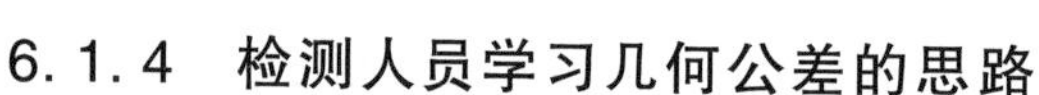

6.1.4 检测人员学习几何公差的思路

6.1.4 检测人员学习几何公差的思路

公司为部分管理者配备了辅导教练，目的是帮助管理者提升领导能力和管理能力。子谦今天和教练约做一对一辅导。

教练：“子谦，我们有半个月没见了，最近怎么样呢？”

子谦：“都还好，但是有一件事有点头痛。测量员们的技术水平有点让人不放心。”

教练：“具体指的是什么呢？”

子谦：“举个例子，有些员工用卡尺来测量位置尺寸；还有些测量是不适合三坐标测量机的，但被放在三坐标测量机上测，似乎他们不懂怎么操作这些仪器，但他们对这些量具的使用技能都很好，那么问题是出在什么地方了呢？一下很难理清。”

教练：“子谦，我刚才听到三点：“一，你对员工技术水平不放心；二，员工本身的操作技能很好；三，用卡尺测位置尺寸以及不适合的零件放在三坐标测量机上测。”

子谦陷入了沉思后说：“我明白了，当给定了测量方法和量具时，他们是娴熟并准确的，但面对一些需要他们自己确定测量方法时，常会出问题。所以，卡在测

表 6-7 工作量规的尺寸公差值及其通端位置要素值

工件孔或轴的公称尺寸/mm		工件孔或轴的公差等级																																
		IT6			IT7			IT8			IT9			IT10			IT11			IT12			IT13			IT14			IT15			IT16		
		孔或轴的公差值	T_1	Z_1	孔或轴的公差值	T_1	Z_1	孔或轴的公差值	T_1	Z_1	孔或轴的公差值	T_1	Z_1	孔或轴的公差值	T_1	Z_1	孔或轴的公差值	T_1	Z_1	孔或轴的公差值	T_1	Z_1	孔或轴的公差值	T_1	Z_1	孔或轴的公差值	T_1	Z_1	孔或轴的公差值	T_1	Z_1	孔或轴的公差值	T_1	Z_1
大于	至	μm																																
—	3	6	1.0	1.0	10	1.2	1.6	14	1.6	2.0	25	2.0	3	40	2.4	4	60	3	6	100	4	9	140	5	14	250	9	20	400	14	30	600	20	40
3	6	8	1.2	1.4	12	1.4	2.0	18	2.0	2.6	30	2.4	4	48	3.0	5	75	4	8	120	5	11	180	7	16	300	11	25	480	16	35	750	25	50
6	10	9	1.4	1.6	15	1.8	2.4	22	2.4	3.2	36	2.8	5	58	3.6	6	90	5	9	150	6	13	220	8	20	360	13	30	580	20	40	900	30	60
10	18	11	1.6	2.0	18	2.0	2.8	27	2.8	4.0	43	3.4	6	70	4.0	8	110	5	11	180	7	15	270	10	24	450	15	35	700	24	50	1100	35	75
18	30	13	2.0	2.4	21	2.4	3.4	33	3.4	5.0	52	4.0	7	84	5.0	9	130	7	13	210	8	18	330	12	28	520	18	40	840	28	60	1300	40	90
30	50	16	2.4	2.8	25	3.0	4.0	39	4.0	6.0	62	5.0	8	100	6.0	11	160	8	16	250	10	22	390	14	34	620	22	50	1000	34	75	1600	50	110
50	80	19	2.8	3.4	30	3.6	4.6	46	4.6	7.0	74	6.0	9	120	7.0	13	190	9	19	300	12	26	460	16	40	740	26	60	1200	40	90	1900	60	130
80	120	22	3.2	3.8	35	4.2	5.4	54	5.4	8.0	87	7.0	10	140	8.0	15	220	10	22	350	14	30	540	20	46	870	30	70	1400	46	100	2200	70	150
120	180	25	3.8	4.4	40	4.8	6.0	63	6.0	9.0	100	8.0	12	160	9.0	18	250	12	25	400	16	35	630	22	52	1000	35	80	1600	52	120	2500	80	180
180	250	29	4.4	5.0	46	5.4	7.0	72	7.0	10.0	115	9.0	14	185	10.0	20	290	14	29	460	18	40	720	26	60	1150	40	90	1850	60	130	2900	90	200
250	315	32	4.6	5.6	52	6.0	8.0	81	8.0	11.0	130	10.0	16	210	12.0	22	320	16	32	520	20	45	810	28	66	1300	45	100	2100	66	150	3200	100	220
315	400	36	5.4	6.2	57	7.0	9.0	89	9.0	12.0	140	11.0	18	230	14.0	25	360	18	36	570	22	50	890	32	74	1400	50	110	2300	74	170	3600	110	250
400	500	40	6.0	7.0	63	8.0	10.0	97	10.0	14.0	155	12.0	20	250	16.0	28	400	20	40	630	24	55	970	36	80	1550	55	120	2500	80	190	4000	120	280

量思路上了。”

教练：“很好的发现，员工是卡在测量思路上了，这和让你头痛的事是什么关系呢？”

子谦：“只要解决了这个问题，测量员的种种做法都规范了呀，我就可以平静了呀。”

子谦情绪急转直下，紧锁眉头：“但当我看见技术人员对这些问题一知半解，没有完全深入理解到问题的本质时，我就有一种冲动，要想出最简单、直白的方法帮助他们理解。”

教练：“子谦，在你谈到测量员的种种做法都规范时，你很开心，但是之后情绪立刻低落起来，所以低落的情绪背后是什么呢？”

子谦再次陷入沉思：“好像是一种责任，太重了，一种我想逃避又觉得自己想接近，似乎有巨大的引力吸引我，是什么呢？”

教练立刻追问道：“我很好奇，是什么有巨大的引力呢？”

子谦：“这个引力来自我的内心，是我对 GD&T 的热爱，也是我经过努力帮助别人学会一些知识带来的成就感。我发现在给同事们做培训之前，我会花很多的时间去整理资料，而且当一个老师把一个问题讲得很复杂，学员很难听懂时，我就很难受。”

教练：“太棒了，子谦，恭喜你的重大发现，能用一句话总结一下吗？”

子谦：“用我的智慧节约你的学习时间。”

教练：“太棒了，你会实现的，今天我们讨论的话题有答案了吗？”

子谦：“有了，我要针对测量人员整理一些培训资料，让他们提升测量技能。”

于是，子谦快速整理出了一份表格，是关于质量人员应用 GD&T 的思路。

测量人员涉及 GD&T 的工作流程是

识图→测量思路→选量具→测量→报告

流程（图 6-4）中每个步骤都要注意对应下面每一列的内容。

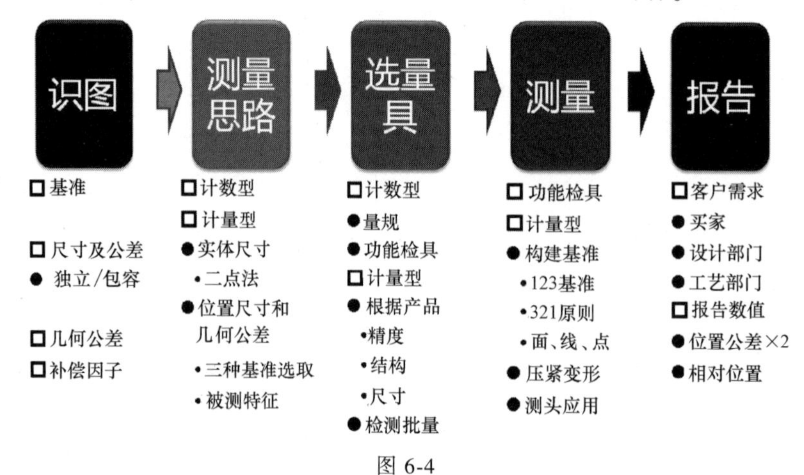

图 6-4

6.2 工艺相关工作

6.2.1 工艺人员学习几何公差的框架

子谦同时也总结了当年在设计工作中几何公差的应用情况，设计和工艺人员关于 GD&T 学习的知识框架，如图 6-5 所示。

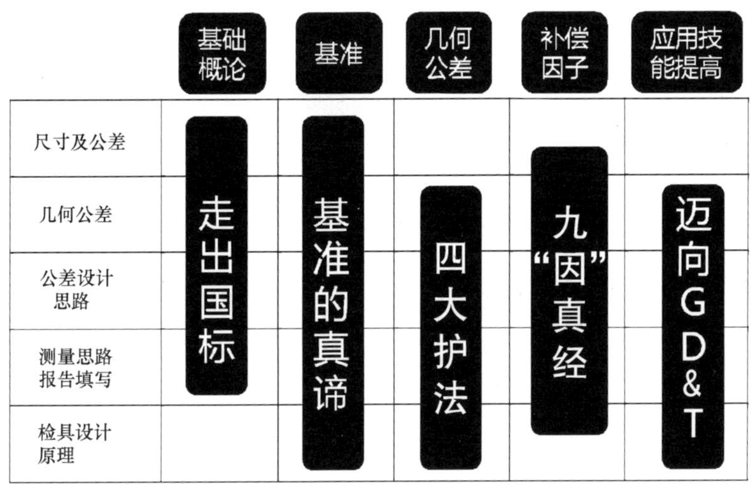

图 6-5

6.2.2 工装夹具的学习思路

子谦总结的工装夹具的学习思路如图 6-6 所示。

一、什么是夹具?
二、定位和夹紧
三、夹具开发流程：根据产品定方案 → 夹具设计 → 验证
四、验收标准：基准统一、效率、尺寸链精度、劳动强度
五、夹具设计流程：定位、夹紧、安装与对刀、材料、辅具

图 6-6

6.3 设计相关工作

6.3.1 尺寸链的学习思路

子谦整理了对尺寸链方面学习的收获。

1）总结尺寸链知识系统框架的金子塔如图 6-7 所示。

2）国内通常认为尺寸链计算时忽略几何公差的影响，其实不然。

3）应用传递图可简化尺寸链分析过程。

4）对于刚性零件可以用 Excel 基础上开发的小程序来完成计算工作。一方面，按照传递图梳理的逻辑输入表格即可检查尺寸链是否有问题；另一方面，将计算的逻辑规范化和显性化，从而易于查错。

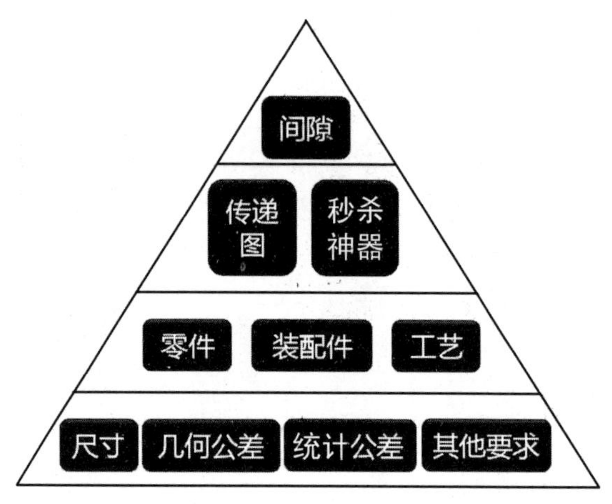

图 6-7

6.3.2 复合公差

6.3.2A 复合公差-多孔标注

6.3.2 复合公差

刘峰发现一个加速踏板的图样很奇怪，于是来到子谦办公室。

刘峰："子谦，图 6-8 所示的几何公差框格很奇怪，有三行位置度。"

子谦："这是复合公差。三行各自有不同的任务和要求。针对这个机构可以通过图 6-9 理解。"

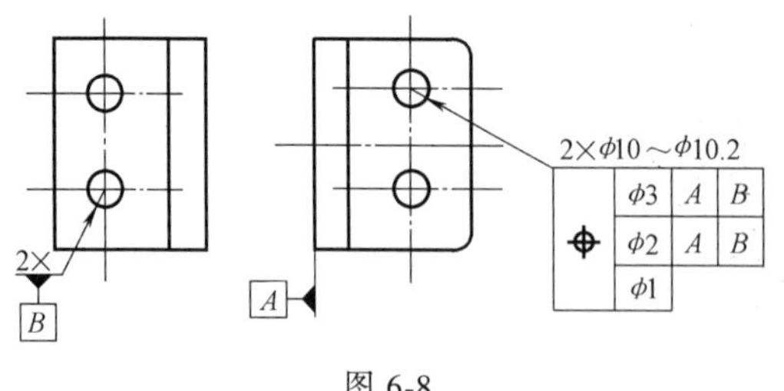

图 6-8

⌖	ϕ3	A	B	控制相对于基准系的位置
	ϕ2	A	B	控制相对于基准系的方向
	ϕ1			两孔之间的相对位置

图 6-9

刘峰："我研究了一下，太难懂了。"

子谦："我来举个例子吧，我们一起讨论一下桌面的设计吧。图 6-10 所示是桌子的标注，那么这张桌子的公差带如图 6-11 所示。"

刘峰："嗯，这张桌面被控制在 805mm 和 795mm 这两个平面之间（两条双点

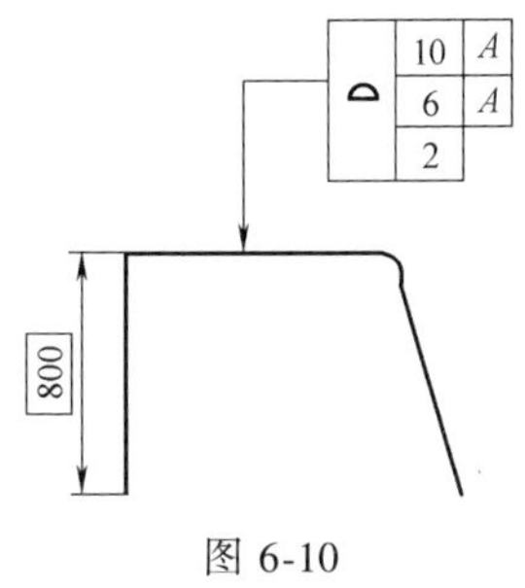

图 6-10

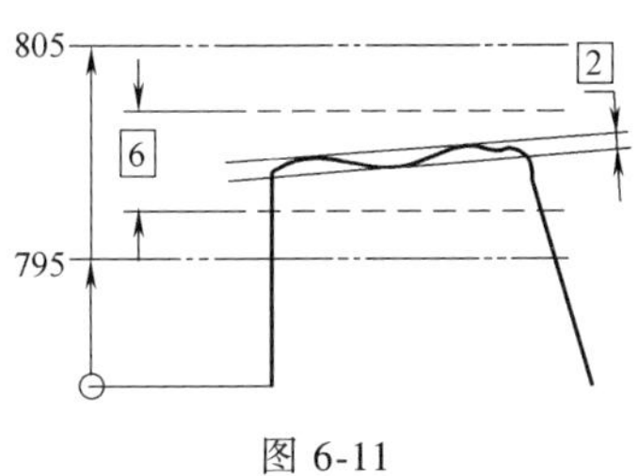

图 6-11

画线代表的两个平面)，这是第一行公差带的要求，控制的是桌面的位置。

第二行公差有两个平面（两条虚线代表)，相互之间保持距离为 6mm，它们可以在 805~795mm 之间上下移动，控制的是桌面的方向。”

子谦：“对，第三行呢?”

刘峰：“第三行放弃位置和方向，所以两细实线之间距离为 2mm，然后可以同时上下移动，也可以相对于基准旋转，控制的是桌面的形状。”

子谦：“完全正确。”

刘峰：“哦，明白了，复合公差有什么好处呢?”

子谦：“当然有啦！一方面，对于曲面形状的控制，可以一次对被控对象提出位置、方向和形状的不同参数的控制；另一方面，对于孔组和面组的控制有特殊的效果哦！来我们看看图 6-8 的公差带吧。”

刘峰开始绘制图 6-12。

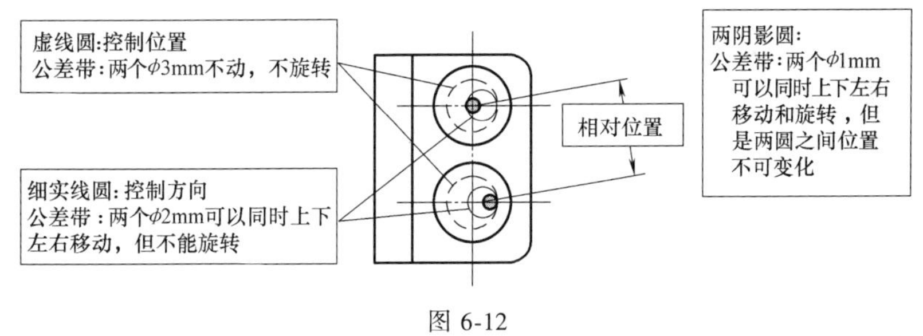

图 6-12

刘峰：“复合公差呀，可以一次把设计意图完全表达出来呀。”

子谦：“恭喜你，已经理解复合公差的应用了。”

6.3.3 相对位置和互为基准

6.3.3 相对位置和互为基准

公司新采购了一台德玛吉的定制加工中心，工程师们正在验收机床，验收方法是用新机床加工图 6-13 所示的零件，然后观察被加工零件的尺寸状况。测量员报告说零件不合格，原因是零件位置度报告 0.8mm。

供应商技术顾问解释，应该不会有这么大的差距，于是子谦立刻找测量员复查测量思路。测量员解释：用 *A* 和 *B* 建基准时零件还可以转动，所以增加正上方的孔 1 作为第三基准（图 6-14），这样零件六个自由度全部控制，然后测量评价另外三个孔的位置度。

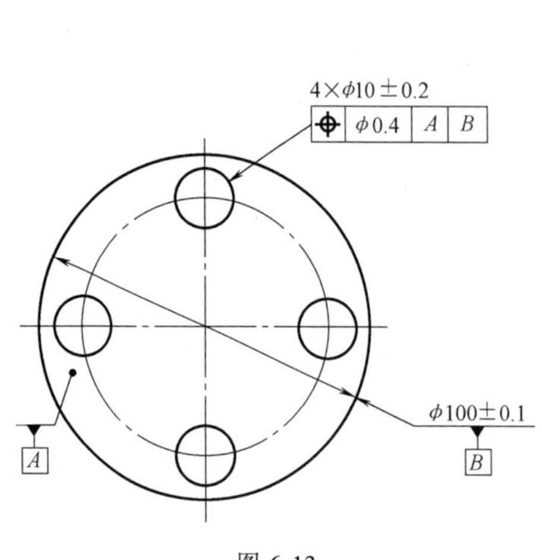

图 6-13

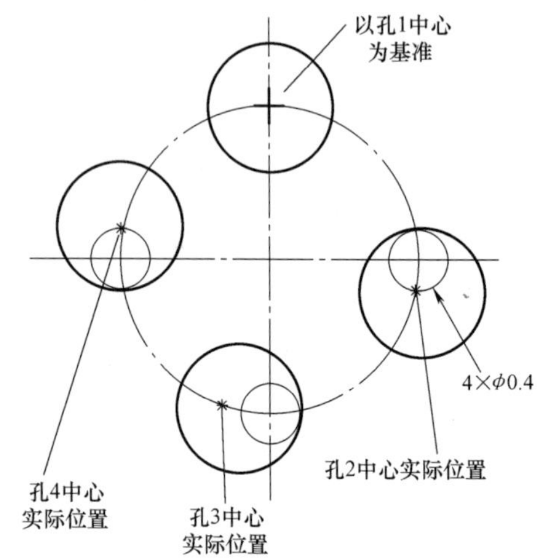

图 6-14 （测量员的测量思路）

子谦指出基准建错，因为图上标注为“4×”，则这 4 个孔的关系是互为基准（相对位置要求），只要 4 个孔中心同时在图 6-15 中的 4 个 $\phi0.4$mm 的圆柱内就合格。所以，将图 6-14 中 4 个孔实际中心位置逆时针旋转 0.2mm，就可以全部囊括在公差带范围内。

注意： 1）相对位置的概念应用场景是多孔组合和多面组合的情况。
2）测量必须建立在 CMM 的最佳拟合功能和功能检具的情况下。
3）相对位置互为基准的概念给设计工作带来极大的便利。

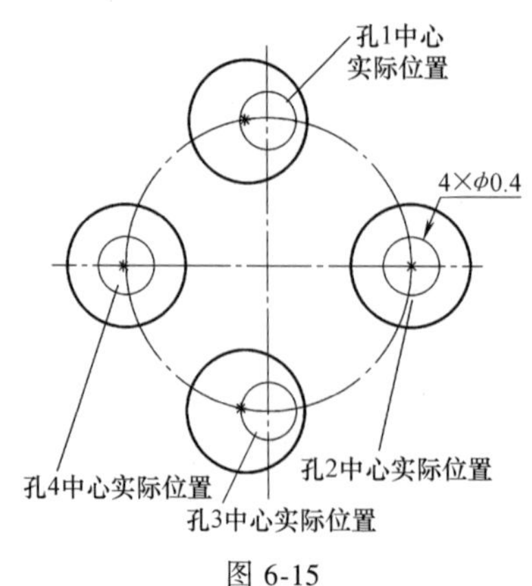

图 6-15

6.3.4 实效边界（VC）概念与模块化设计概念

6.3.4A 模块化设计概念

6.3.4 实效边界（VC）概念

在一次项目会上，大家谈到了两个零件都满足图样（图 6-16、图 6-17）要求，但是装配时却有 3 组样件无法装配。大家都挺纳闷的，想知道为什么。

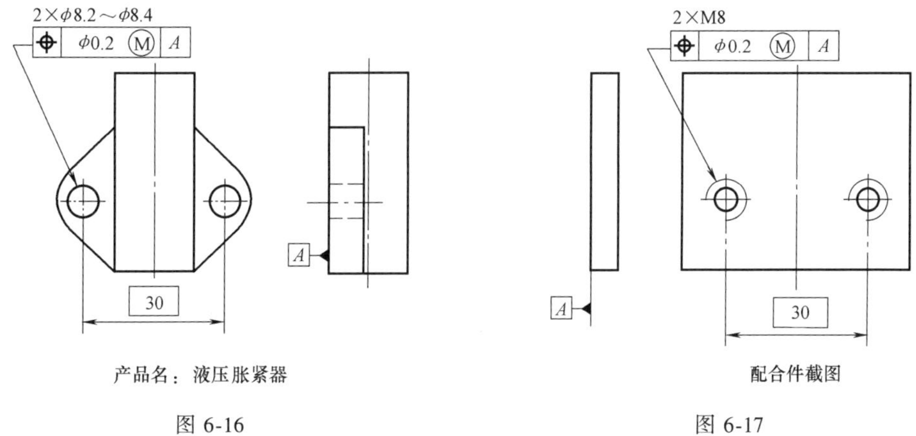

图 6-16　　图 6-17

子谦：“这个零件的尺寸链干涉了，所以才会出现部分产品无法装配。”

大家：“这是怎么看出来的呢？”

子谦：“M8 的螺栓拧到螺纹孔后，就相当于两个 ϕ8mm 的圆柱销（图 6-18），而螺纹孔是有位置度的，所以两个圆柱销也会在螺纹孔的位置度中晃动，晃动区间形成了一个外包络圆 ϕ8.2mm。这个 ϕ8.2mm 的圆称为螺栓形成的实效边界。留给配合件装配的空间是 ϕ8.2mm 圆柱以外的空间。这个大家能接受吗？”

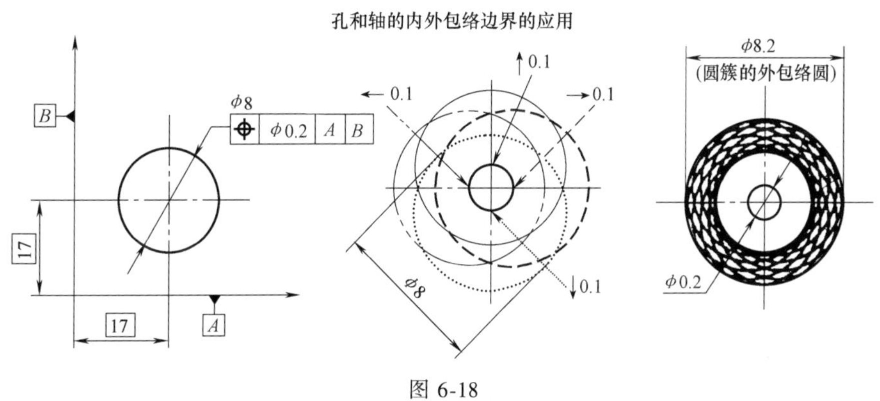

图 6-18

大家：“能。”

子谦：“如图 6-19 所示，那么当孔尺寸为 ϕ8.2mm 时，位置度就只允许偏差是零；否则就装不上。”

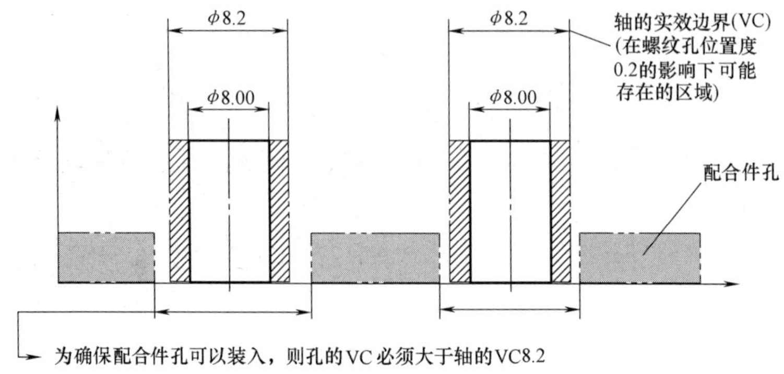

图 6-19

大家：“哦，原来是这样呀，那图样应该如何更改呢？”

子谦想了一会，画了图 6-20 和图 6-21。

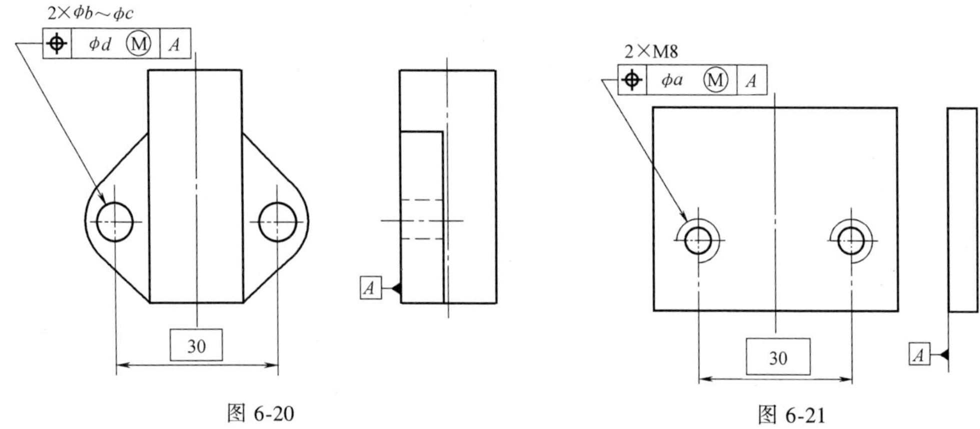

图 6-20　　图 6-21

子谦：“我们的产品结构是固定的，所以无论公差是多少，它的图样标注格式都是像图（图 6-20 和图 6-21）上这样，对吗？”

大家：“是的，但问题是 a、b、c、d 各应该是多少呢？”

子谦：“那我要问两个问题：一，a、b、c、d 各代表什么意义？二，a、b、c、d 4 个数值和整个制造过程的哪些因素相关呢？”

杨兵：“a 好像不能严，因为板上的两个螺纹孔的位置度是由机加工（钻孔、攻螺纹的精度）决定的。”

子谦：“对，所以 a 是由加工的工艺水平决定的，a 值只能大于这个水平，假设是 0.3mm 好吗？这样，我们完成 25%的工作，还剩三个参数呢？”

刘峰：“b 和 c 是孔径，机械工程设计时先考虑危险状态，而 b 代表孔的 MMC 状态，所以先设计 b 值，那么 b 应该是多少呢？”

子谦：“太棒了！这是一个孔轴结构的设计问题，要考虑些什么因素呢？配合

件装上螺栓后形成实效边界。这些与 b 的值有什么关系呢?”

刘峰:“应该考虑装配间隙，还有配合件的实效边界 8.3mm=(8.0+0.3)mm，所以有个算式：b=配合件实效边界+装配间隙。假设装配间隙是 0.2mm，则 b=8.5mm。”

子谦:“嗯，刚才你说的算式应该叫公式才对。所以，我们完成了50%的工作，那 c 和 d 呢?”

杨兵:“c 是由机加工精度决定的，公式是 $c=b$+孔加工精度，我们都知道 d 刚学过，d=孔的 MMC-配合件实效边界。”

子谦:“太棒了，恭喜各位已经完整地设计出这个零件。那么我们能回顾一下刚才我们做了些什么吗?”

在杨兵和刘峰的带领下，很快在白板上整理出一套流程（表6-8)。

表6-8 零件出图流程

一	写出图6-20、图6-21的标注格式	
二	a:螺纹孔机加工精度	
三	确认 b:用螺栓实效边界和装配间隙	b=配合件实效边界+装配间隙
四	确认 c:用孔加工精度和 b 值	$c=b$+孔加工精度
五	确认 d:孔的 MMC 和螺栓的实效边界	d=孔的 MMC-配合件实效边界

子谦:“和以前的方法有什么区别呢?有哪些优点?”

于是大家又开始讨论，最后大家整理如下。

1）规范了出图思路，使每个人的出图采用统一规范的流程，增强图样的可读性，也降低审图的难度。

2）将制造可行性分析直接加入出图中，可以增强设计人员对工艺过程水平的重视程度。

3）将工艺水平相关参数值更明显地体现出来，在新品开发中，可以让设计部门和工艺部门更加便捷地沟通。

补充知识：孔、轴内外包络边界汇总（表6-9)。

表6-9 孔、轴内外包络边界汇总

特征	边 界	补偿类型	公 式
轴	内包络边界	M	IB=LMC-位置度公差-补偿公差
		L	IB=LMC-位置度公差
		RFS	IB=LMC-位置度公差
	外包络边界	M	OB=MMC+位置度公差
		L	OB=MMC+位置度公差+补偿公差
		RFS	OB=MMC+位置度公差

（续）

特征	边　界	补偿类型	公　式
孔	内包络边界	M	IB=MMC-位置度公差
		L	IB=MMC-位置度公差-补偿公差
		RFS	IB=MMC-位置度公差
	外包络边界	M	OB=LMC+位置度公差+补偿公差
		L	OB=LMC+位置度公差
		RFS	OB=LMC+位置度公差

6.4　正确标注图样

6.4.0 产品出图流程

公司将开发一个全新的项目，从美国总部引进一款新产品，相关人员将一同前往美国学习。子谦也将在美国住三个月，借这个机会，子谦再次拜访了 Stamic 的 Mike。

Mike 马上就要退休了，看到子谦很开心，同为机械工程的爱好者，同时也想把衣钵传到中国，于是三个月中，Mike 把毕生整理的资料都分享给了子谦。子谦最喜欢的一份资料是图样的设计流程。当子谦在这份资料中找到了困扰他许久的问题（为什么有些产品在投放市场时会出现很多使用、维修、质量的问题?）的答案。

Mike："子谦，研发和设计是一回事吗？还是它们之间有什么不同呢?"

子谦："设计和研发当然是同一回事，只是有些公司对它们的叫法不同而已。"

Mike："乔布斯的苹果手机的故事你知道吗?"

子谦："知道呀，当年苹果手机的开发团队提交的手机项目报告被乔布斯否决了，然后他还提出了一系列问题。比如：①手机面板本来就很小，为什么还要那么多按钮，最好只要一个；②手机为什么要竖着看，横着也可以用呀，所以手机上有了重力传感器。"

Mike："嗯，很好，那你觉得苹果手机的图样是乔布斯出的吗?"

子谦："当然不是。哦，我明白了，研发和设计是不同的，但也说不清它们的区别。"

Mike 拿出一张自己整理的资料说："看看这个。"

Mike："为了便于理解，我将产品开发划分为三个阶段的工作（图 6-22）：第一阶段是研发，也就是乔布斯提出的问题，换句话说就是我们的客户到底需要什么样的产品，这一过程输入的是客户要求，而输出的是产品要实现的功能清单；第二阶段的工作是设计满足功能的结构，并对结构加以验证，这一过程输入的是第一阶段的功能清单，输出的是经验证的结构和设计原型；第三阶段的工作是通过 2D、3D 的手段编制指导生产的制造工程图样，而且在第二阶段就已经开始了第三阶段

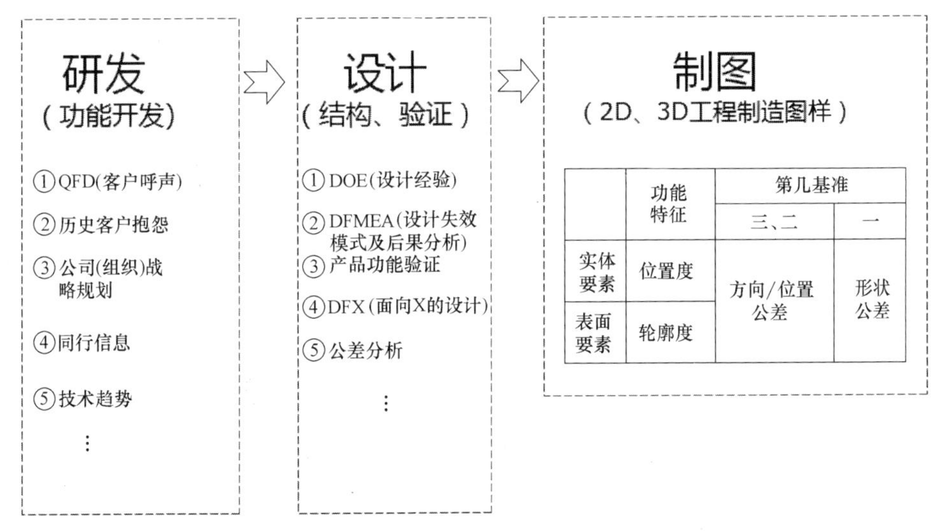

	功能特征	第几基准	
		三、二	一
实体要素	位置度	方向/位置公差	形状公差
表面要素	轮廓度		

图 6-22

的工作。”

子谦：“嗯，太棒了，分析得很贴切。那在制图中的内容怎样理解呢？”

Mike：“从图上我可以看出这家出图的设计部门是否懂 GD&T。为什么呢？①懂得 GD&T 的工程师的图样会有 70%以上的几何公差符号是位置公差，形状和方向公差的符号用得很少；②几何公差会多于尺寸公差。”

子谦：“哦，似乎是这样的，但为什么 70%以上是位置公差呢？”

Mike：“机械产品的功能是通过实体中心要素和实体表面要素的位置来控制并完成的，所以每一个功能就会有一个位置度或轮廓度的符号，而基准是装配顺序，理论上最多 *A*、*B*、*C* 三个基准，同时每个零件的功能可能有多个。”

子谦：“嗯，每个功能对应一个位置等级公差，所以位置公差占 70%。另外，Mike，我有个问题，就是关于产品功能的，图样上有些尺寸或公差的应用是因为装配的关系等，这些都归属于功能吗？”

Mike：“子谦，什么是功能？”

子谦：“功能就是满足人们某种需要的一种属性，而且定量的比定性的好。”

Mike：“假设一个零件太重，我们要用天车来吊装运输，所以就在零件顶部加工了一个螺纹孔。请问这个螺纹孔是否满足人们吊装的这类需要呢？”

子谦：“对呀，那就是说，装配实现、工艺定位等都属于零件的不同功能。”

Mike：“对了呀，来看这份资料（表 6-10）。左边列出的是我们已梳理出来的常用功能，共 12 个。当然，未来你可以再完善和增加。横着列出的是对应功能实现的要求。”

子谦：“Mike，这个表是横着看的吗？比如，装配实现这个功能需要的考虑因素有打了“√”的这几项，包括基准、尺寸公差、几何公差、公称尺寸和几何结构。”

Mike：“对，是这样的，但是我们 GD&T 的工作范围如方框内前 6 个功能和前 3 个因素。”

子谦：“Mike，这些思路太重要了，我一定好好向大家推广，让更多的工程师知道并且会用。”

Mike：“嗯，其实这只是一个开始，这些资料只是这个领域的基础框架，要想与实践相结合还有很长的路要走，还有很多的资料和模型要整理呀。我们一起加油！”

表 6-10　功能与图表的关系

功能	基准	尺寸公差	几何公差	公称尺寸	几何结构	强度	刚度	硬度
装配实现	√	√	√	√	√	×	×	×
制程定位	√	√	√	√	√	×	×	×
精密定位	√	√	√	√	√	×	×	×
密封	√	√	√	√	√	×	×	×
传递力、力矩	√	√	√	√	√	√	√	√
运动传递	√	√	√	√	√	×	×	×
保持几何形状	×	×	×	√	√	√	√	×
运输包装	√	√	√	√	√	√	√	√
传递能量	×	×	×	√	√	×	×	×
外观造型	×	×	×	×	√	×	×	×
可维修性	×	×	×	×	√	×	×	×
寿命	×	×	×	√	√	√	√	√

思　考　题

6-1　1）题图 6-1 所示两种标注有何差别？

2）题图 6-1b 所示的孔与基准 *A* 是什么关系？

3）如果是垂直关系，是否可以改成垂直度？

6-2　绘制下面 3 个图样（题图 6-2、题图 6-4 和题图 6-6）的公差带于题图 6-3、题图 6-5 和题图 6-7 中，并比较区别。

6-3　设计检验 $\phi50^{+0.08}_{-0.08}$mm 轴用量规。

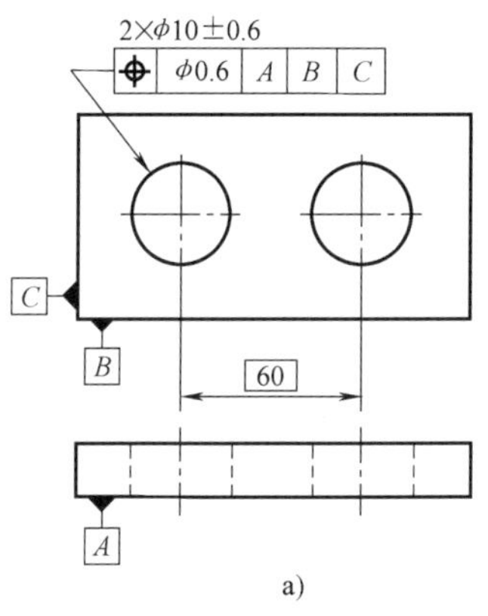

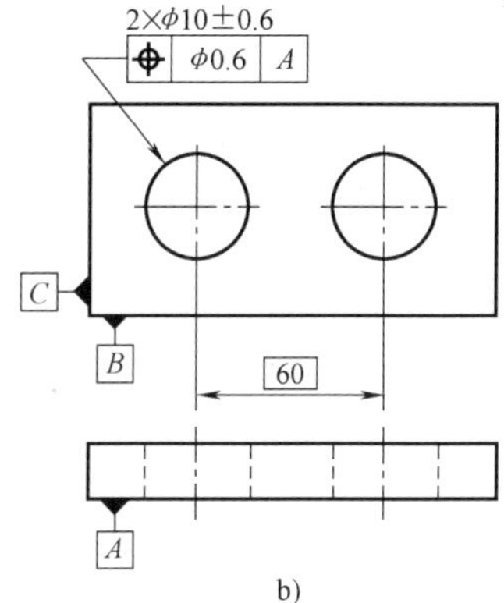

题图 6-1

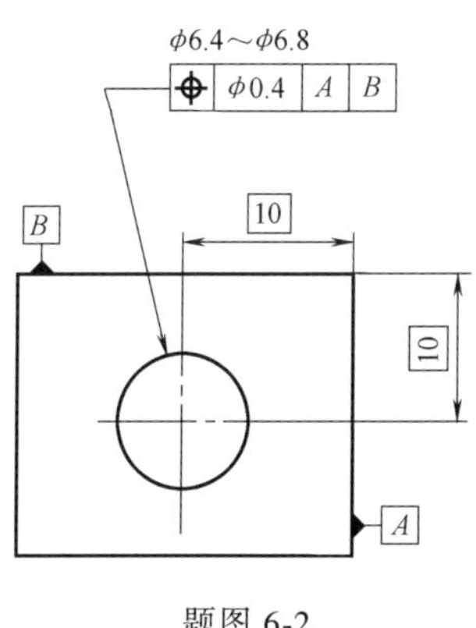

题图 6-2

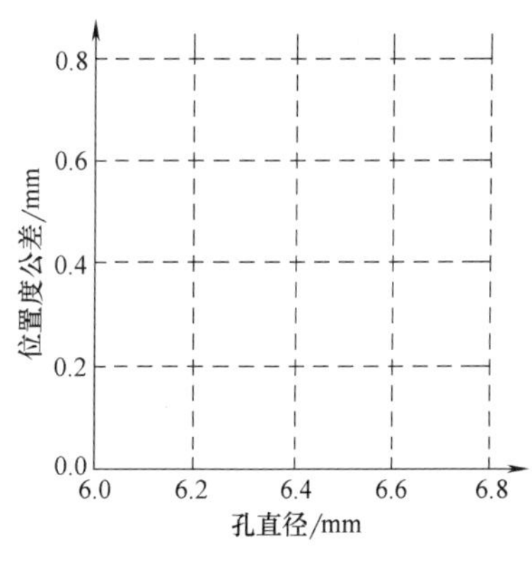

题图 6-3

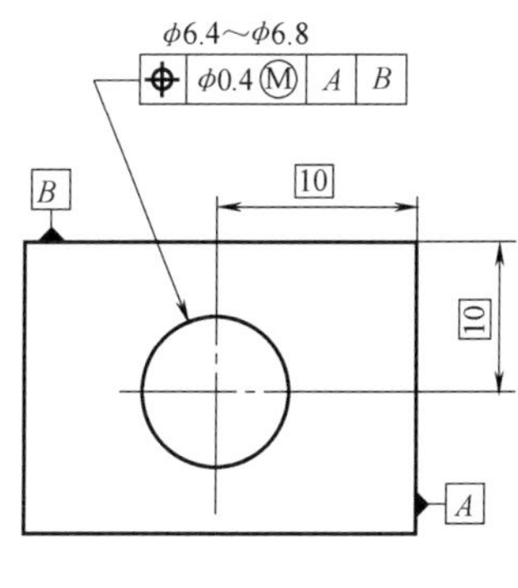

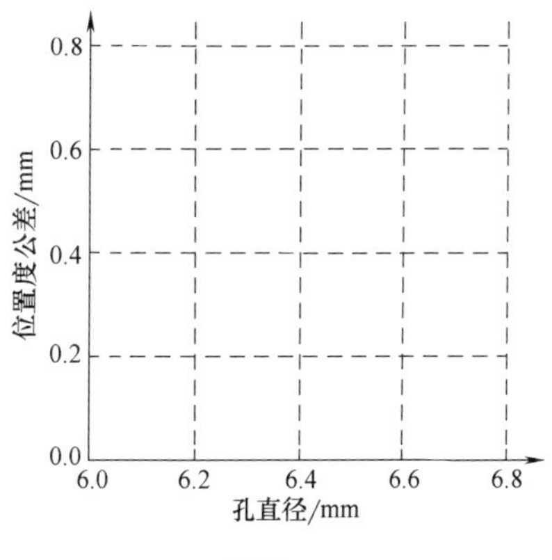

题图 6-4

题图 6-5

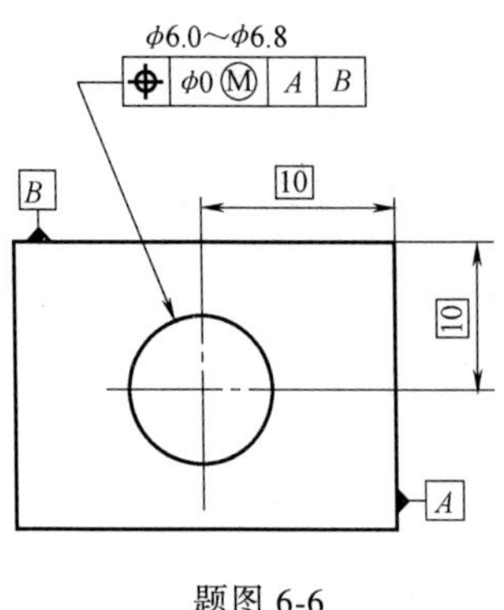
ϕ6.0～ϕ6.8
ϕ0 Ⓜ A B
B
10
10
A

题图 6-6

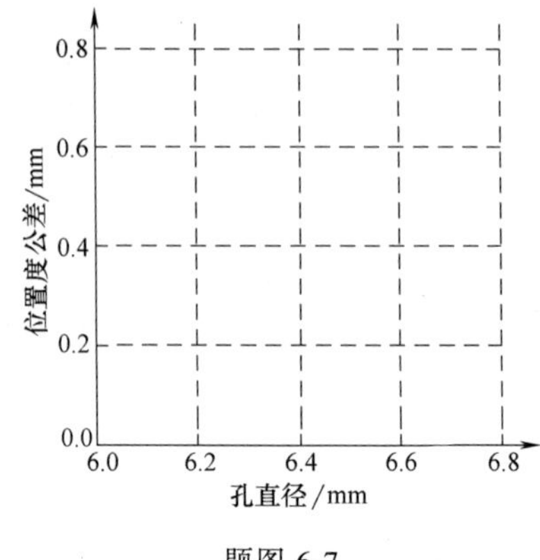
0.8
0.6
0.4
0.2
0.0
位置度公差/mm
6.0
6.2
6.4
6.6
6.8
孔直径/mm

题图 6-7

参考答案

第1章

1-1　A

1-2　(ϕ4±0.1)mm 为实体尺寸；(27±0.2)mm 为位置尺寸；89°为角度尺寸；R10mm 是形状尺寸；20~20.2mm 为实体尺寸。

1-3　带有测量单位的数值，包括四种尺寸：实体尺寸、形状尺寸、方向尺寸和位置尺寸。

1-4　见答表 1-1。

答表 1-1

类型	图　形	解释	特点	测量
位置尺寸	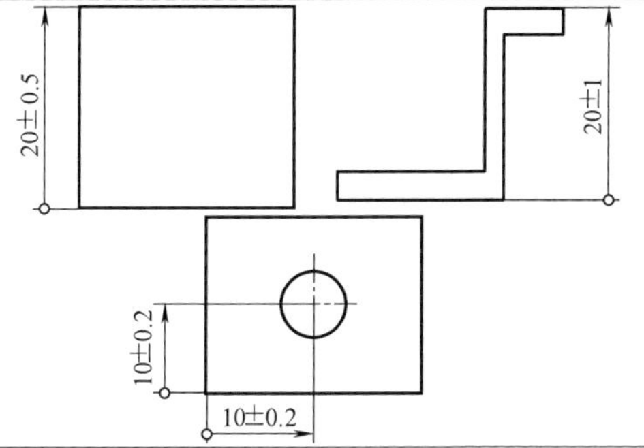 20±0.5　20±1　10±0.2　10±0.2	两特征之间的位置关系	其中一个特征是基准	按装配关系选择测量基准
实体尺寸	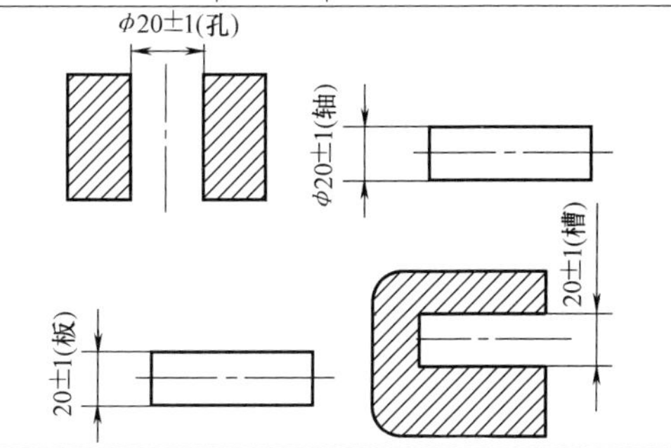 ϕ20±1(孔)　ϕ20±1(轴)　20±1(槽)　20±1(板)	对称形体和特征	与配合件装配特征面成对称关系	两点法

（续）

类型	图　形	解释	特点	测量
形状尺寸	R10±1	实体表面的形状		半径样板
方向尺寸	26°	实体的方向		游标万能角度尺

1-5　1）在确保装配的前提下，位置度公差比线性尺寸公差的合格面积大 57%。

2）几何公差是机械工程师的语言，它提供了一个技术标准，标准统一了设计、生产和检测部门对图样的解释，提高了图样作为媒介的沟通效率。

3）几何公差要求设计者按照功能标注尺寸和公差，表达设计意图。几何公差在 MMC、LMC 的应用下，为零件提供了补偿公差，从而节省制造费用。

4）从设计功能出发标注尺寸和公差，避免设计者加严设计公差，如使用传统正负公差。

1-6　要素指零件上的特征，如点、线、面、孔、槽、凸起等，是公差研究的对象。

1-7　几何公差指零件上某些形状、位置和方向特征的公差，包括四种：形状公差、方向公差、位置公差和跳动公差。

第 2 章

2-1　1）建立基准形状尺寸　方向尺寸　位置尺寸　实体尺寸

2）尺寸　形状　位置

3）尺寸的极限（或：最大实体）　形状　两点法　孔　轴　板　槽

2-2　实体尺寸的尺寸和形状、位置的要求均是独立的，应分别满足。

2-3　如果实体尺寸特征只标注了尺寸公差，那么尺寸的极限就控制了形状的变化范围，只能在尺寸公差允许范围内。

2-4　ASME Y14. 5—2018，默认包容要求，需要独立时加Ⓘ；

ISO 1101：2017，默认独立原则，需要包容时加Ⓔ；

GB/T 1182—2018，默认独立原则，需要包容时加Ⓔ。

2-5　1）直线度或平面度符号标注在实体中心要素上时，实体中心要素形状以标注的几何公差为准，所以产品实际允许超出实体上极限尺寸（MMC）状态。

2）“在 MMC 时，不要求完美形状”注释标在实体尺寸线下，明确否定了包容要求。

3）非刚性的 FOS（实体尺寸）不需要遵从包容原则。

4）型材（钢棒、钢管、钢板等）不需要遵从包容原则。

2-6　答案略。

第 3 章

3-1　1）（√）　2）（×）　3）（×）

3-2　基准是用来定义公差带的位置和方向，或用来定义实体状态的位置和方向（当有相关要求时，如最大实体要求）的一个（组）方向要素。

3-3　基准面是用来体现基准的特征表面。

3-4　基准是通过基准面上最高点体现出来的。

3-5　基准是虚拟的，需要通过基准面来找到测量基准。

3-6　还有设计基准、工艺基准、测量基准和装配基准。

设计基准、工艺基准和测量基准统一于装配基准。

3-7　找设计部门咨询；现场查看装配关系。

3-8　装配基准。

3-9　A_1、A_2、A_3 三个面基准组成了 A 基准。

3-10　B_1、B_2 两个线基准组成 B 基准。

3-11　题图 3-1 中 Z_p，Y_p 基准比较含糊，题图 3-2 为唯一基准。

3-12　见答表 3-1

答表 3-1

基准	正确标注/标注解释
A √	定义 ϕ30mm 的轴线为基准
B ×	正确标注如 A，因为圆柱表面无法通过一根线来选取基准
C ×	正确标注如 A，因为圆柱表面无法通过一根线来选取基准
D √	定义 ϕ50 的中心面为基准
E ×	E 可以有两种选取基准的方法：一是以 ϕ30mm 的轴线为基准；二是以厚度为 ϕ50mm 的板中心面为基准，这样会给测量带来基准含糊不清的结果 正确做法：根据装配关系确认基准是 A 还是 D

3-13　测量结果因测量基准的不同而不同。

3-14　①不合格。②是线性尺寸公差带来的弊端。

3-15　1）6 个，$\vec{X}$、$\vec{Y}$、$\vec{Z}$、$\overset{\frown}{X}$，$\overset{\frown}{Y}$，$\overset{\frown}{Z}$。

2）见答表 3-2。

答表 3-2

基准	X	Y	Z	X 旋转	Y 旋转	Z 旋转	消失的自由度
A	√	√	×	×	×	√	3
B	√	×	—	—	—	×	2
C	×	—	—	—	—	—	1

3-16 见答表 3-3。

答表 3-3

基准	X	Y	Z	X 旋转	Y 旋转	Z 旋转	消失的自由度
A	×	×	√	×	×	√	4
B	—	—	×	—	—	√	1
C							

3-17 建基准系时三个基准面是相互垂直，不受基准实际情况影响的。

第 4 章

4-1 1）B 2）C 3）C

4-2 1）圆度 直线度 2）形状公差 方向公差 位置公差 跳动公差

4-3 1）（√） 2）（√） 3）（√） 4）（×）

4-4

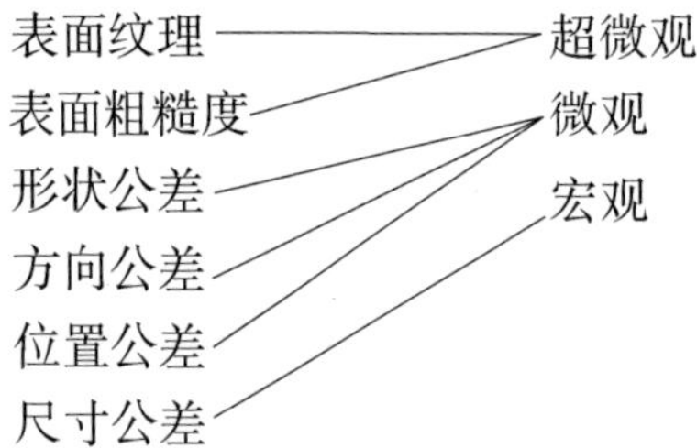

4-5 见答图 4-1。

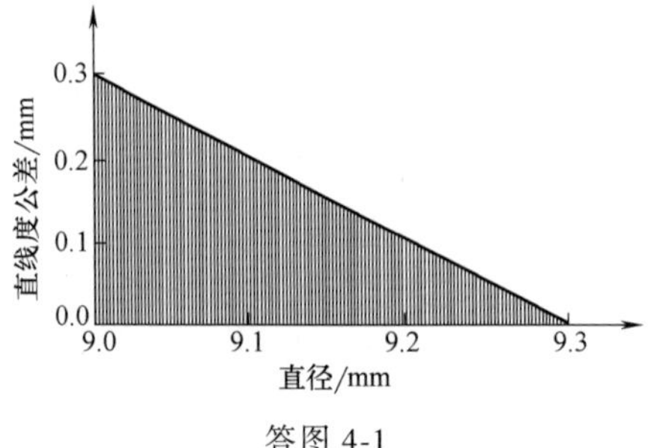

答图 4-1

4-6　见答图 4-2。

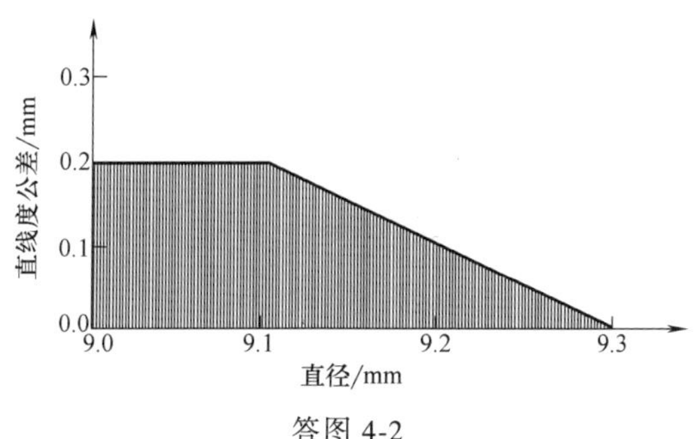

答图 4-2

4-7
题图 4-3：（面—面）；
题图 4-4：（面—面）；
题图 4-5：（线—面）；
题图 4-6：（面—线）；
题图 4-7：（线—线）；
题图 4-8：（线—线）；
题图 4-9：（线—线）。
4-8　0.4mm；0.4mm；0.2mm；0.2mm。
4-9　1）平行度；2）合格；3）不一定。
4-10　一样。
4-11　见答图 4-3。

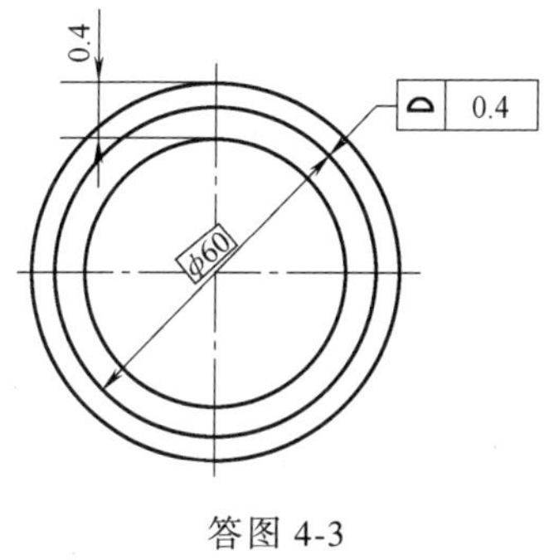

答图 4-3

4-12　1）报告 0.6；2）报告 1.2。

第 5 章

5-1　1）D；2）B；3）C。

5-2　CZ　相对位置

5-3　×

5-4　见答表 5-1。

答表 5-1　测量结果

序号	直径报告/mm	位置度报告/mm	“合格”或“不合格”
1	6.6	0.5	合格
2	6.7	0.7	合格
3	6.8	0.9	不合格
4	6.9	0.9	合格
5	6.99	0.99	合格
6	7.0	1.1	不合格
7	6.5	0.3	不合格

5-5　见答图 5-1 和答图 5-2。

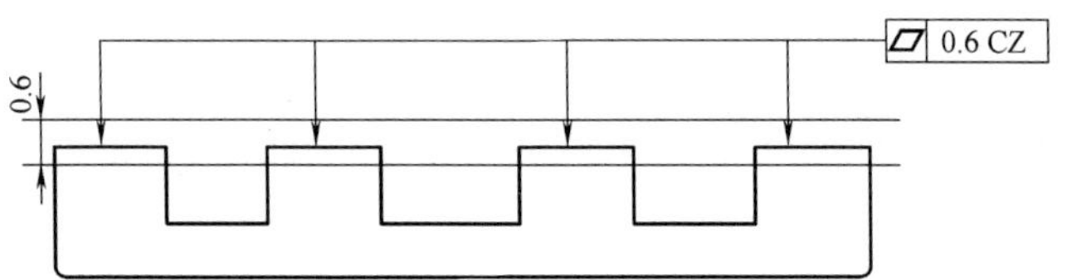

答图 5-1（图中标注来自 GB/T 1182—2018 第 8 页）

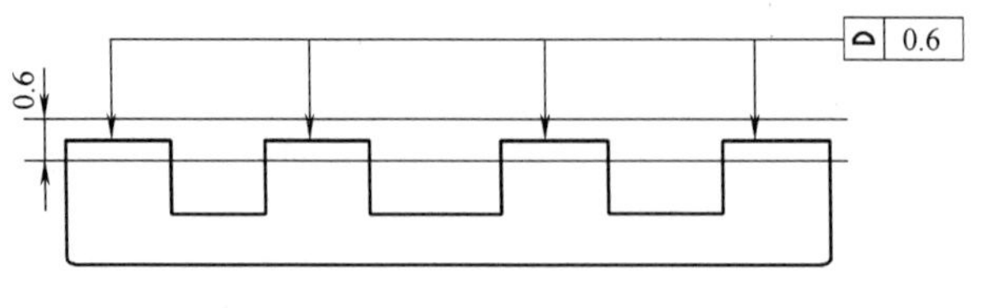

答图 5-2

5-6

$$X_{max} = (40-6/2-10/2+1/2+2/2+2/2)\text{mm} = 34.5\text{mm}$$

$$X_{min} = (40-8/2-12/2-1/2+0/2+0/2)\text{mm} = 29.5\text{mm}$$

5-7　不可以，因为轮廓度定义的是实体表面。轮廓度的公差带见答图 5-3。

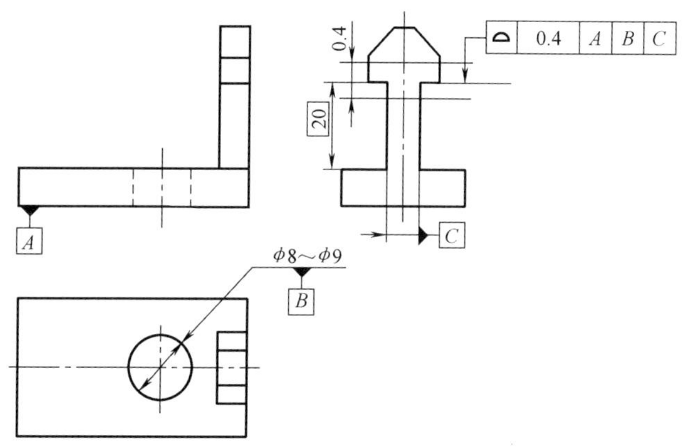

答图 5-3

5-8　见答图 5-4 和答图 5-5。

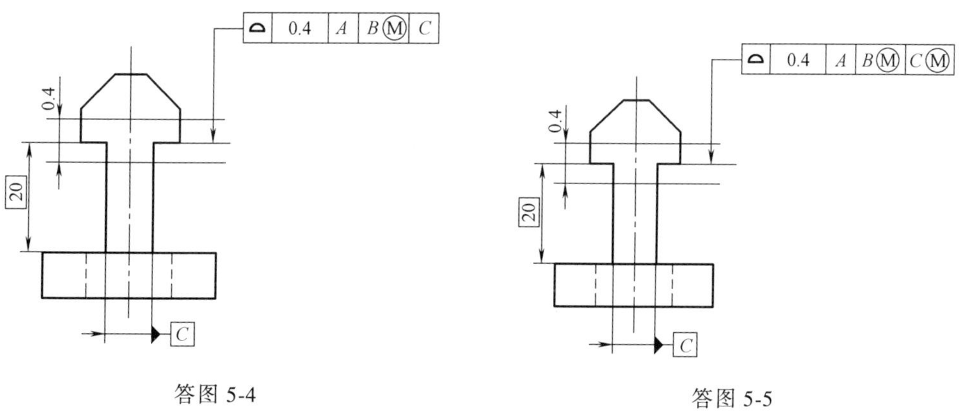

答图 5-4　　答图 5-5

5-9　没有区别。

5-10　所绘公差带见答图 5-6 和答图 5-7。

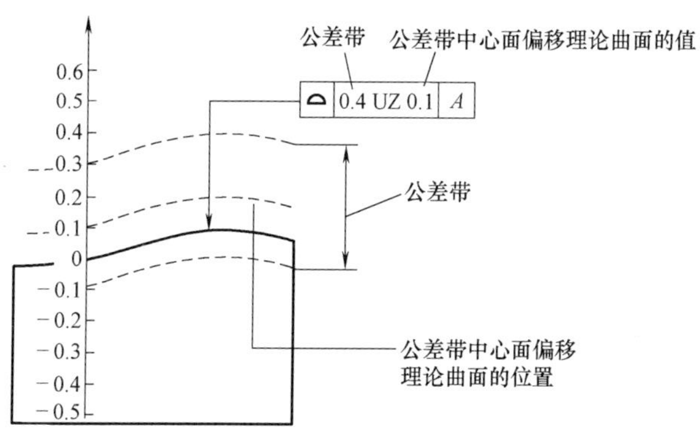

答图 5-6

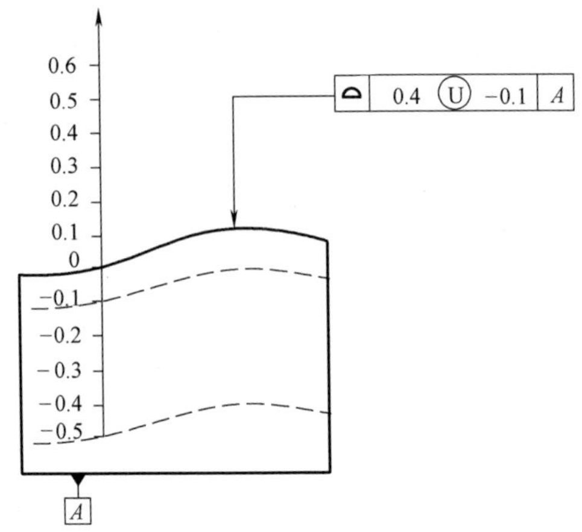

答图 5-7

5-11　可以在不改 3D 模型的情况下调整产品公差带位置。

5-12　在不影响装配的情况下提高合格率。

5-13　不影响。

5-14　3 种等效标注：图 2-14、图 2-29 和题图 5-12。

5-15　3 种等效标注：图 2-26、图 2-27 和题图 5-13。

第 6 章

6-1　1）题图 6-1a 中基准系由 *A*、*B*、*C* 这 3 个面基准构建。2）题图 6-1b 只有 *A* 一个面基准；图中孔和 *A* 面是垂直关系。3）不可以改为垂直度，因为两孔之间还有相对位置（60）的要求。

6-2　所绘公差带见答图 6-1~答图 6-3。

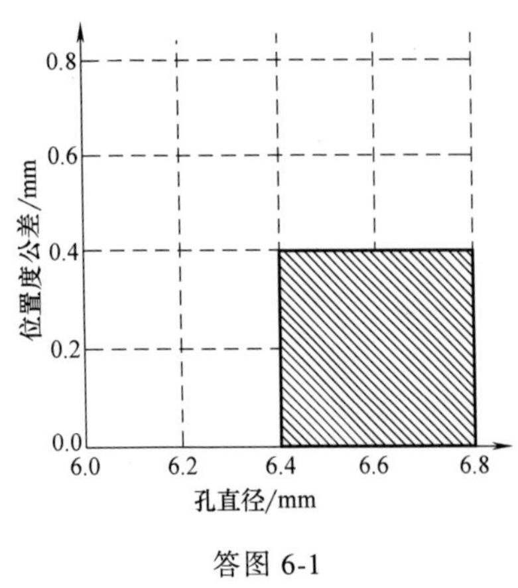

答图 6-1

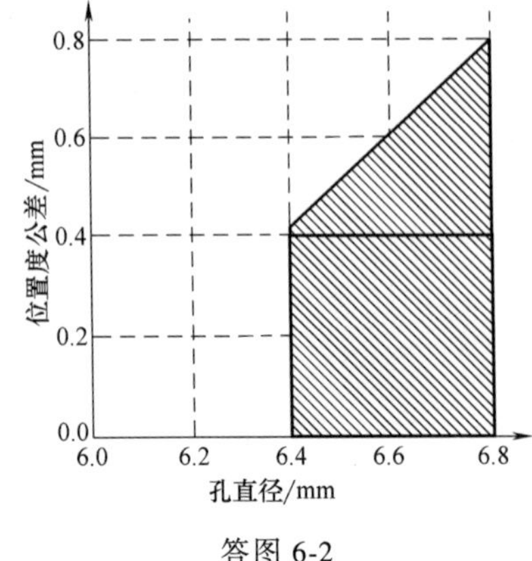

答图 6-2

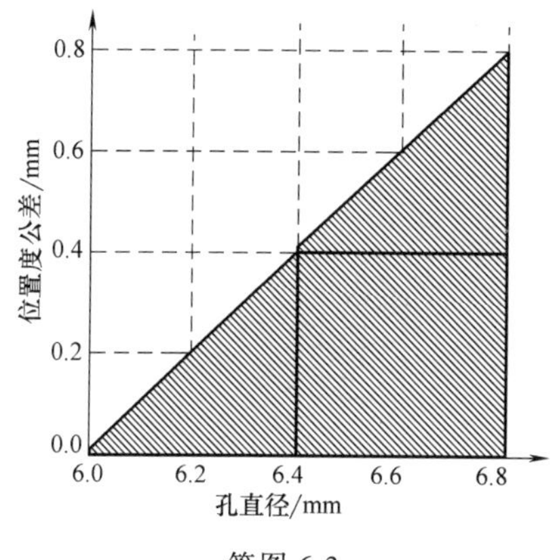

答图 6-3

6-3

步骤一　根据公称尺寸和公差等级查表：

公差等级为 IT11，Z_1 值为 0.008mm，T 值为 0.016mm

步骤二　根据量规公差带图计算：

通规上极限尺寸 = MMS $-Z_1+T_1/2$

= 50.08mm − 0.008mm + 0.016mm/2 = 50.08mm

通规下极限尺寸 = MMS $-Z_1-T_1/2$

= 50.08mm − 0.008mm − 0.016mm/2 = 50.064mm

止规上极限尺寸 = LMS + T_1 = 49.92mm + 0.016mm = 49.936mm

止规下极限尺寸 = LMS = 49.92mm

附　录

附录 A　线性尺寸公差族谱

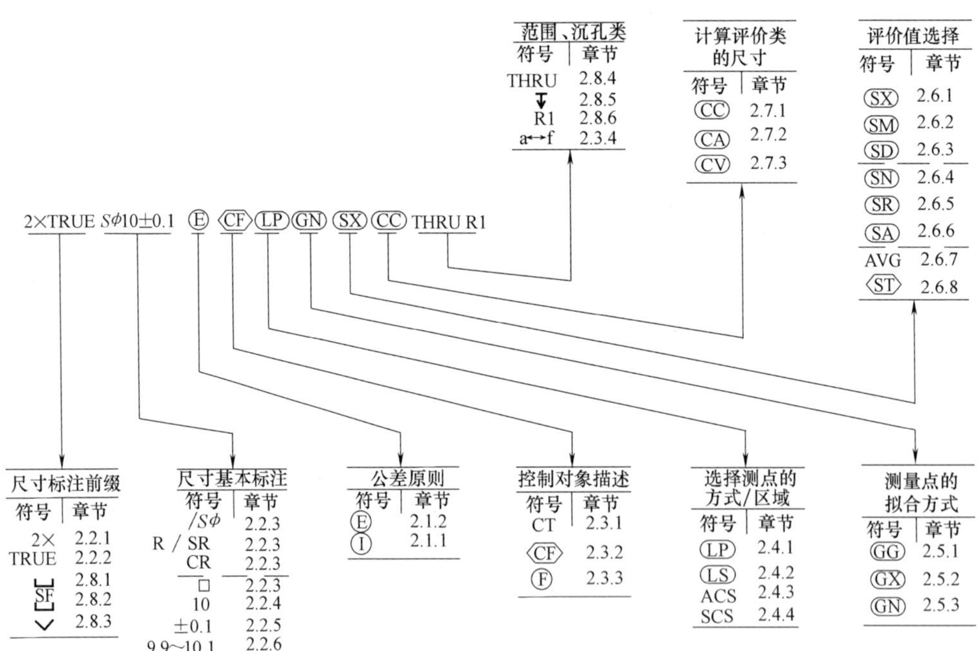

附录 B　几何公差族谱

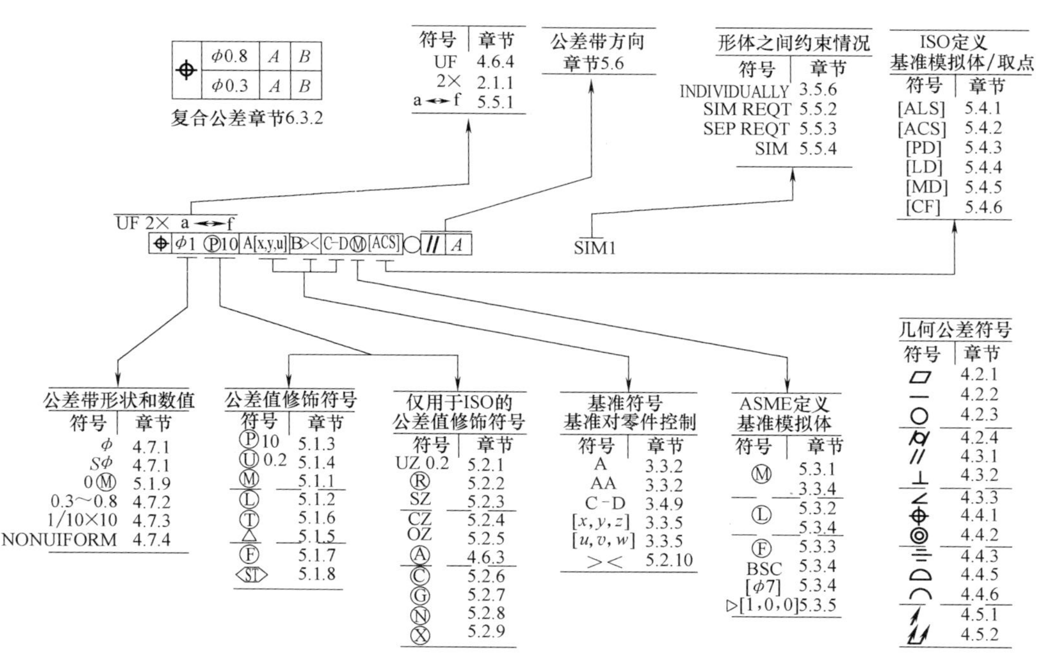

φ0.8 A B
φ0.3 A B
复合公差章节6.3.2
符号 章节
UF 4.6.4
2× 2.1.1
a↔f 5.5.1
公差带方向
章节5.6
形体之间约束情况
符号 章节
INDIVIDUALLY 3.5.6
SIM REQT 5.5.2
SEP REQT 5.5.3
SIM 5.5.4
ISO定义
基准模拟体/取点
符号 章节
[ALS] 5.4.1
[ACS] 5.4.2
[PD] 5.4.3
[LD] 5.4.4
[MD] 5.4.5
[CF] 5.4.6
UF 2× a↔f
φ1 Ⓟ10 A[x,y,u] B>< C-DⓂ [ACS]
// A
SIM1
公差带形状和数值
符号 章节
φ 4.7.1
Sφ 4.7.1
0Ⓜ 5.1.9
0.3~0.8 4.7.2
1/10×10 4.7.3
NONUIFORM 4.7.4
公差值修饰符号
符号 章节
Ⓟ10 5.1.3
Ⓤ0.2 5.1.4
Ⓜ 5.1.1
Ⓛ 5.1.2
Ⓣ 5.1.6
△ 5.1.5
Ⓕ 5.1.7
ST 5.1.8
仅用于ISO的
公差值修饰符号
符号 章节
UZ 0.2 5.2.1
Ⓡ 5.2.2
SZ 5.2.3
CZ 5.2.4
OZ 5.2.5
Ⓐ 4.6.3
Ⓒ 5.2.6
Ⓖ 5.2.7
Ⓝ 5.2.8
Ⓧ 5.2.9
基准符号
基准对零件控制
符号 章节
A 3.3.2
AA 3.3.2
C-D 3.4.9
[x, y, z] 3.3.5
[u, v, w] 3.3.5
>< 5.2.10
ASME定义
基准模拟体
符号 章节
Ⓜ 5.3.1
3.3.4
5.3.2
Ⓛ 5.3.4
Ⓕ 5.3.3
BSC 5.3.4
[φ7] 5.3.4
▷[1,0,0] 5.3.5
几何公差符号
符号 章节
4.2.1
4.2.2
4.2.3
4.2.4
4.3.1
4.3.2
4.3.3
4.4.1
4.4.2
4.4.3
4.4.5
4.4.6
4.5.1
4.5.2

附录 C　控制对象族谱

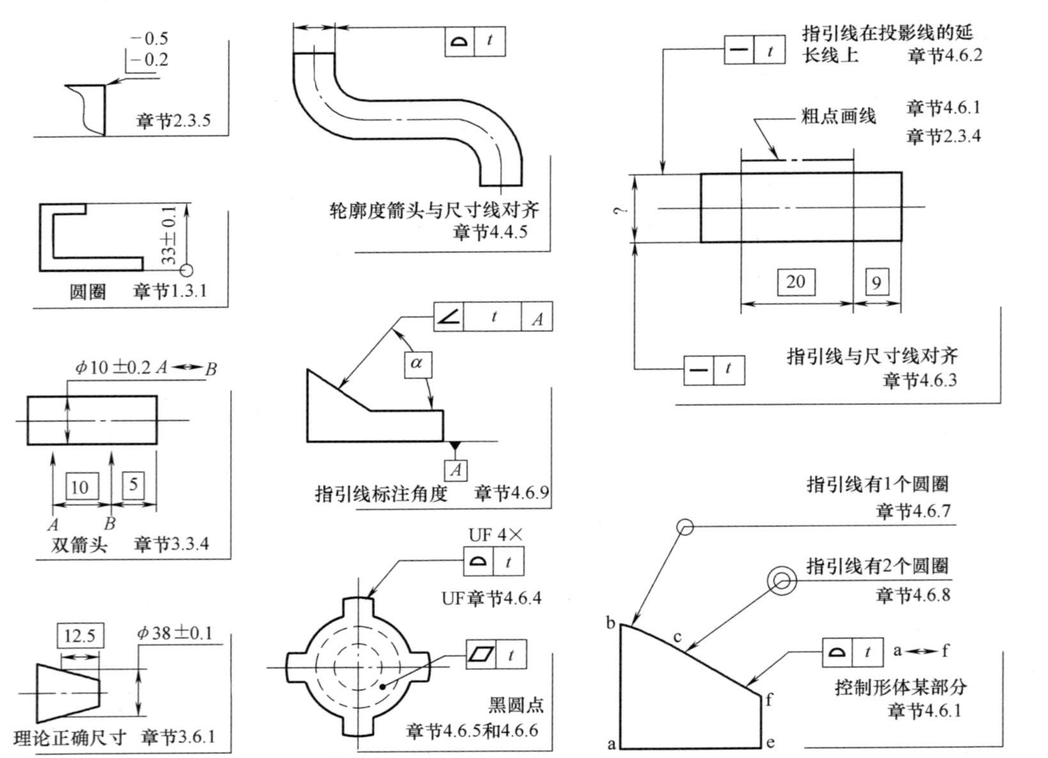

−0.5
−0.2
章节2.3.5
33±0.1
圆圈　章节1.3.1
φ10 ±0.2 A←→B
10
5
A
B
双箭头　章节3.3.4
12.5
φ38 ±0.1
理论正确尺寸　章节3.6.1
t
轮廓度箭头与尺寸线对齐
章节4.4.5
t
A
α
A
指引线标注角度　章节4.6.9
UF 4×
t
UF章节4.6.4
t
黑圆点
章节4.6.5和4.6.6
t
指引线在投影线的延
长线上　章节4.6.2
粗点画线
章节4.6.1
章节2.3.4
?
20
9
t
指引线与尺寸线对齐
章节4.6.3
指引线有1个圆圈
章节4.6.7
指引线有2个圆圈
章节4.6.8
t
a←→f
控制形体某部分
章节4.6.1
a
b
c
e
f

附录 D 基准标注族谱

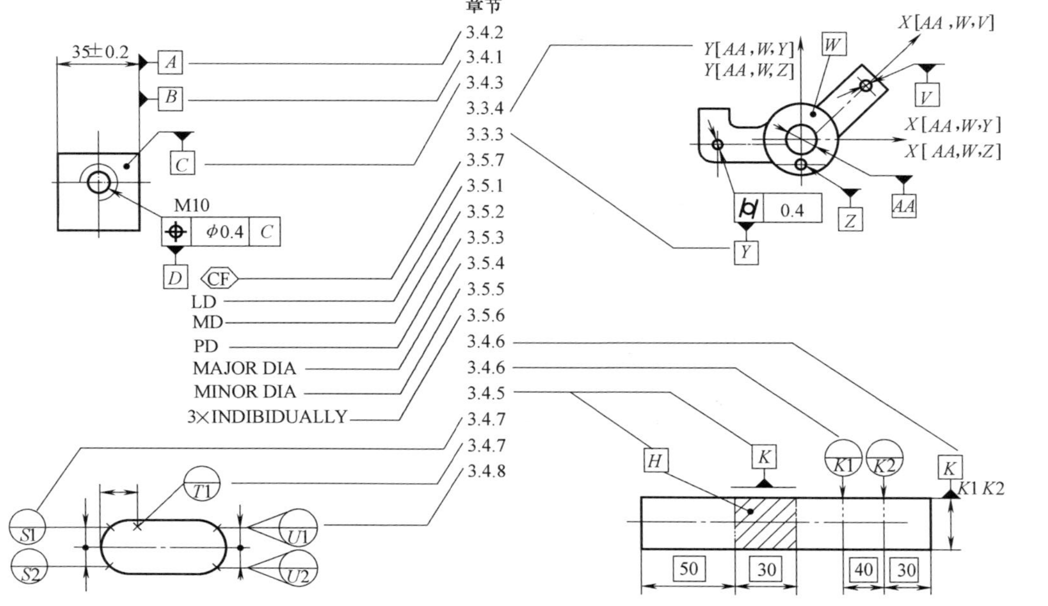
章节
3.4.2
3.4.1
3.4.3
3.3.4
3.3.3
3.5.7
3.5.1
3.5.2
3.5.3
3.5.4
3.5.5
3.5.6
3.4.6
3.4.6
3.4.5
3.4.7
3.4.7
3.4.8
35±0.2
A
B
C
M10
φ0.4
D
CF
LD
MD
PD
MAJOR DIA
MINOR DIA
3×INDIBIDUALLY
Y[AA,W,Y]
Y[AA,W,Z]
W
X[AA,W,V]
V
X[AA,W,Y]
X[AA,W,Z]
0.4
Y
Z
AA
H
K
K1
K2
K
K1 K2
50
30
40
30
S1
S2
T1
U1
U2

附录 E　公差应用总结（一）

一个体系：公差（范围、语言）
二步视图：控制对象、控制手段
三招出图：功能、风控/计算、标注
四大护法：大小、位置、方向、形状
五项原则：功能→标注→工艺/测量→零件状态
设计/制造/测量目的
测量的定义
VC 实效边界
Ⓔ/Ⓘ
六谈基准：唯一明确
自由度
基准系
装配决定基准
目标法、模拟法、直接法
基准符号、基准面、基准、基准模拟体
七种技巧：相对位置/互为基准
组合公差带（面组、孔组）
同时/非同时要求原则
CMM 最佳拟合
公差带运动关系
跳级测量/标注
复合公差

附录F 公差应用总结（二）

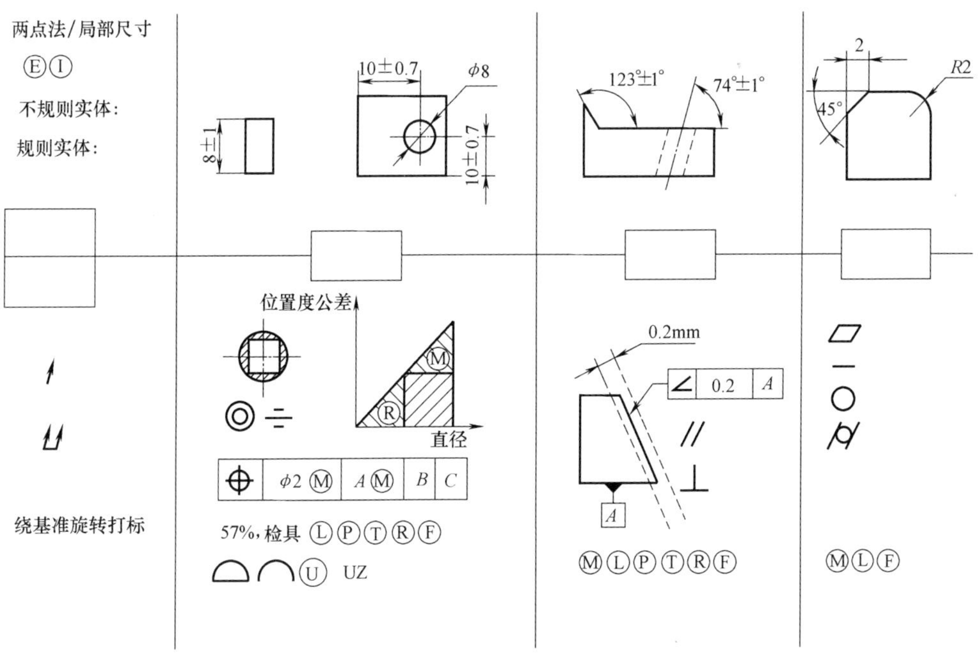

附录G 公差应用总结（三）

<table>
<tr><th rowspan="2">符　　号</th><th rowspan="2">基　　准</th><th colspan="2">可控制对象</th><th rowspan="2">最大/小实体补偿</th></tr>
<tr><th>表面要素</th><th>中心要素</th></tr>
<tr><td>平面度</td><td>无</td><td>可以</td><td colspan="2" rowspan="2">是(中心面或中心线时)
否(表面特征时)</td></tr>
<tr><td>直线度</td><td>无</td><td>可以</td></tr>
<tr><td>圆度</td><td>无</td><td>可以</td><td>否</td><td>否</td></tr>
<tr><td>圆柱度</td><td>无</td><td>可以</td><td>否</td><td>否</td></tr>
<tr><td>垂直度</td><td>需要</td><td>可以</td><td>可以</td><td rowspan="3">是(中面或中线时)
否(表面特征时)</td></tr>
<tr><td>平行度</td><td>需要</td><td>可以</td><td>可以</td></tr>
<tr><td>倾斜度</td><td>需要</td><td>可以</td><td>可以</td></tr>
<tr><td>位置度</td><td>需要</td><td>ISO 可以
ASME 不可以</td><td>可以</td><td>是</td></tr>
<tr><td>同轴度</td><td>需要</td><td>否</td><td>是</td><td>是</td></tr>
<tr><td>对称度</td><td>需要</td><td>否</td><td>是</td><td>是</td></tr>
<tr><td>线轮廓度</td><td>需要</td><td>是</td><td>ISO 可以
ASME 不可以</td><td>否</td></tr>
<tr><td>面轮廓度</td><td>需要</td><td>是</td><td>ISO 可以
ASME 不可以</td><td>否</td></tr>
</table>

附录H　GB、ISO与ASME部分关键知识点对照

内容/知识点	GB/T	ISO	ASME	视频编号	章节编号
包容要求	Ⓔ		默认	2.1.2	2.1.2
独立原则	默认		Ⓘ	2.1.1	2.1.1
包容要求失效	——		见资料	2.1.3	
尺寸公差高级标注全解	见资料		——	1.5.1	1.5.1
控制对象数量	相同				2.2.1
理想值	无		TRUE		2.2.2
控制对象形状	相同				2.2.3
公称尺寸	相同				2.2.4
尺寸公差值标注	相同				2.2.5
尺寸值范围标注	相同				2.2.6
尺寸公差控制对象高级全解	见资料		无	2.3.0	
毛刺、去除材料和过渡区域	见资料		无	2.3.5	2.3.5
控制半径	无		CR		2.2.3
正方形	□				2.2.3
连续形体	CT		⟨CF⟩	3.5.7	3.5.7
选择测量点的方式和区域	见资料		无	2.4.0	2.4
两点尺寸	(LP)		ALS 实际局部尺寸	2.4.0	2.4.1
由球面定义的局部尺寸	(LS)		无	2.4.0	2.4.2
任意横截面	ACS		无	2.4.0	2.4.3
特定横截面	SCS		无	2.4.0	2.4.4
测量数据的拟合要求	见资料		无	2.5.0	2.5
尺寸拟合方式之最小二乘拟合准则	无	(GG)	无	2.5.0	2.5.1
尺寸拟合方式之最大内切拟合准则	无	(GX)	无	2.5.0	2.5.2
尺寸拟合方式之最小外接拟合准则	无	(GN)	无	2.5.0	2.5.3
选择评价值的要求	无	见资料	无	2.6.0	2.6
尺寸评价选择之最大尺寸	无	(SX)	无	2.6.0	2.6.1
尺寸评价选择之中位尺寸	无	(SM)	无	2.6.0	2.6.2
尺寸评价选择之极值平均尺寸	无	(SD)	无	2.6.0	2.6.3
尺寸评价选择之最小值尺寸	无	(SN)	无	2.6.0	2.6.4
尺寸评价选择之尺寸范围	无	(SR)	无	2.6.0	2.6.5
尺寸评价选择之平均尺寸	无	(SA)	无	2.6.0	2.6.6

（续）

内容/知识点	GB/T	ISO	ASME	视频编号	章节编号
尺寸评价选择之平均值	无		AVG	2.6.0	2.6.7
过程统计尺寸	无		〈ST〉		2.6.8
计算评价类尺寸之周长直径	无	(CC)	无		2.7.1
计算评价类尺寸之面积直径	无	(CA)	无		2.7.2
计算评价类尺寸之体积直径	无	(CV)	无		2.7.3
沉头孔	沉孔		⌴		2.8.1
锪平	锪孔		⌴SF		2.8.2
埋头孔	无		⌵		2.8.3
孔深	深		↧		2.8.5
直接基准法	相同			3.1.1	3.1.1
模拟装配基准法	相同			3.1.2	3.1.2
目标基准法	ϕ6 / A1 or ϕ6 A1			3.1.3	3.1.3
测量基准选择	相同				3.2.1
基准系	相同			3.2.2	3.2.2
标注基准思路	相同				3.2.3
线性尺寸的基准符号					3.3.1
几何公差的基准符号	相同				3.3.2
几何公差框格下标注基准符号	相同			3.4.0	3.3.3
坐标系与基准联合标注	无		见资料	3.3.4	3.3.4
基准限制自由度情况标注	无		见资料	3.3.5	3.3.5
基准形体与标注全解	相同			3.4.0	3.4
投影线表达基准形体	相同			3.4.0	3.4.1
尺寸线对齐方向标注	相同			3.4.0	3.4.2
投影正面表达基准形体	相同			3.4.0	3.4.3
投影背面表达基准形体	相同			3.4.0	3.4.4
基准目标：选择部分表面	相同			3.4.0	3.4.5
基准目标：线	相同			3.1.3	3.4.6
基准目标：点	相同			3.1.3	3.4.7
可移动的基准目标	A1			3.4.8	3.4.8
联合基准	相同			3.4.9	3.4.9
选用基准形体之螺纹小径	LD		MINOR DIA		3.5.1 3.5.5

（续）

内容/知识点	GB/T	ISO	ASME	视频编号	章节编号
选用基准形体之螺纹大径	MD		MAJOR DIA		3.5.2 3.5.4
选用基准形体之螺纹中径	PD		默认		3.5.3
成组出现相同基准相同被控形体	无		INDIVIDUALLY	3.5.6	3.5.6
跳级测量原则	相同			4.1.1	4.1.1
几何公差四大分类	相同			4.1.2	4.1.2
四类公差的逻辑关系	相同			4.1.3	4.1.3
平面度定义与测量	▱			4.2.1	4.2.1
直线度定义与测量	—			4.2.2	4.2.2
圆度定义与测量	○			4.2.3	4.2.3
圆柱度定义与测量	⌭			4.2.4	4.2.4
圆柱度是否可以控制圆度	相同			4.2.5	4.2.5
圆柱度是否可以控制直线度	相同				4.2.6
平面度是否可以控制直线度	相同				4.2.7
平行度定义与测量	//			4.3.1	4.3.1
垂直度定义与测量	⊥			4.3.2	4.3.2
倾斜度定义与测量	∠			4.3.3	4.3.3
深度理解方向公差	相同			4.3.4	4.3.4
位置度定义与测量	⌖			4.4.1	4.4.1
同轴度定义与测量度	◎		无	4.4.2	4.4.2
对称度定义与测量	⌯		无	4.4.3	4.4.3
位置度代替对称度和同轴度				4.4.4	4.4.4
面轮廓度定义与测量	⌓			4.4.5	4.4.5
线轮廓度定义与测量	⌒				
圆跳动定义与测量	↗			4.5.1	4.5.1
全跳动定义与测量	⌰			4.5.2	4.5.2
轴向跳动和径向跳动	相同			4.5.3	4.5.3
几何公差控制对象与指引线全解	相同			4.6.0	4.6
选择形体某部分进行控制	相同			4.6.0	4.6.1

（续）

内容/知识点	GB/T	ISO	ASME	视频编号	章节编号
控制表面要素		相同		4.6.0	4.6.2
控制中心要素		相同		4.6.0	4.6.3
联合要素	UF		无	4.6.0	4.6.4
控制要素在投影正面		相同		4.6.0	4.6.5
控制要素在投影背面		相同		4.6.0	4.6.6
全周				4.6.0	4.6.7
全形状				4.6.0	4.6.8
定义公差带分布方向	指引线 标角度		无	4.6.0	4.6.9
渐变公差范围	无		见相关资料		4.7.2
变动公差带(NONUNIFORM)	无		见相关资料		4.7.4
最大实体要求 MMC		Ⓜ		5.1.1A/B	5.1.1
最大实体边界 MMB	无		Ⓜ	5.3.1	5.3.1
最小实体要求 LMC		Ⓛ			5.1.2
最小实体边界 LMB	无		Ⓛ		5.3.2
延伸公差带		Ⓟ		5.1.3	5.1.3
贴切要素		Ⓣ		5.1.6	5.1.6
自由状态		Ⓕ		5.1.7	5.1.7
偏置公差带	UZ		Ⓤ	5.1.4 5.2.1	5.1.4 5.2.1
线性偏置公差带	OZ		△	5.1.5 5.2.5	5.1.5 5.2.5
基准移动	无		▷		5.3.5
中心要素(标注于公差值后面)	Ⓐ		无		4.6.3
零公差	无		0Ⓜ	5.1.9	5.1.9
可逆要求	Ⓡ		无	5.2.2	5.2.2
独立公差带	SZ		无	5.2.3	5.2.3
组合公差带	CZ		无	5.2.4	5.2.4
测量点拟合要求之最小区域要素	Ⓒ		无		5.2.6
测量点拟合要求之最小二乘要素	Ⓖ		无		5.2.7

（续）

内容/知识点	GB/T	ISO	ASME	视频编号	章节编号
测量点拟合要求之最小外接要素	Ⓝ		无		5.2.8
测量点拟合要求之最大内切要素	Ⓧ		无		5.2.9
仅约束方向	> <		无	5.2.10	5.2.10
基准取点和拟合之任意纵截面	[ALS]		无		5.4.1
基准取点和拟合之任意横截面	[ACS]		无		5.4.2
基准取点和拟合之中径/节径	[PD]		无		5.4.3
基准取点和拟合之小径	[LD]		无		5.4.4
基准取点和拟合之大径	[MD]		无		5.4.5
基准取点和拟合之接触要素	[CF]		无		5.4.6
区间符号	⟷				5.5.1
同时性要求	SIMi		默认	5.5.4	5.5.4
分离要求	——		SEP REQT	5.5.3	5.5.3